电气控制与PLC

主 编 王 维 应文博
副主编 刘吉祥 杨中兴 蔡依蕾

中国水利水电出版社
www.waterpub.com.cn
·北京·

内 容 提 要

本书采用项目导向的编写模式，通过具体工程应用项目引出问题，引导学生思考、自学、讨论，在教师指导下逐步解决问题，使学生在近似真实的工程环境中，完成电气控制与PLC技术项目的硬件电路设计、外部电气元件安装接线、控制程序编制与调试、技术资料编制等全过程的所有工作。

本书可作为高职高专、成人教育和中等职业学校电气技术、自动化、机电一体化、智能控制技术、数控应用技术、仪表自动化等相关专业的教材和短期培训教材，也可作为广大工程技术人员、技术爱好者的学习参考用书。

图书在版编目（CIP）数据

电气控制与PLC / 王维，应文博主编. -- 北京 ： 中
国水利水电出版社，2023.12
　ISBN 978-7-5226-2010-7

Ⅰ．①电… Ⅱ．①王… ②应… Ⅲ．①电气控制②
PLC技术 Ⅳ．①TM571.2②TM571.61

中国国家版本馆CIP数据核字(2024)第001678号

书　　名	**电气控制与 PLC** DIANQI KONGZHI YU PLC	
作　　者	主　编　王　维　应文博 副主编　刘吉祥　杨中兴　蔡依蕾	
出版发行	中国水利水电出版社 （北京市海淀区玉渊潭南路 1 号 D 座　100038） 网址：www.waterpub.com.cn E-mail：sales@mwr.gov.cn 电话：(010) 68545888（营销中心）	
经　　售	北京科水图书销售有限公司 电话：(010) 68545874、63202643 全国各地新华书店和相关出版物销售网点	
排　　版	中国水利水电出版社微机排版中心	
印　　刷	天津嘉恒印务有限公司	
规　　格	184mm×260mm　16 开本　9.25 印张　225 千字	
版　　次	2023 年 12 月第 1 版　2023 年 12 月第 1 次印刷	
印　　数	0001—2000 册	
定　　价	**35.00 元**	

凡购买我社图书，如有缺页、倒页、脱页的，本社营销中心负责调换

前 言

　　电气控制技术是指利用电气设备和元件，通过电路连接和控制逻辑，实现对工业生产或工商业设施进行自动化控制的技术。随着技术的发展，复杂的电气控制系统逐渐出现，尤其是在 20 世纪中期，随着电子元件的发展和普及，电气控制技术得到了广泛应用。可编程控制器（PLC）的出现则标志着第二次工业革命的开始，因其编程的灵活性和操作的可靠性迅速在工业自动化领域得到广泛应用。电气控制技术与 PLC 控制技术是现代工业自动化领域的重要基石，二者的结合为工业自动化带来了革命性的变革，不仅体现在具体技术的应用上，也体现在对整个产业结构和生产效率的优化上。通过深入学习这两种技术，能够更好地把握其未来的发展方向和趋势，从而在实际应用中做出更加合理和前瞻性的决策。

　　本书以"实用、适用、先进"为编写原则，借助机电仿真软件直观地讲解电气控制及 PLC 控制技术，举例典型、通俗易懂、讲解细致、易于掌握；本书结构严密，写作符合教学特点，遵循认识和掌握事物的规律，其编写体现了重能力培养的教学思想，使理论教学与实验紧密结合；适合高职高专学生使用。

　　全书共有 5 个项目，项目一和项目二为电气控制技术的知识内容，项目三、项目四和项目五为 PLC 控制技术相关内容。项目一介绍了常见低压电器元件、电气控制的设计及元件选型规则，项目二为几种常见控制电路的分析与安装，项目三介绍了可编程控制器及机电仿真软件的使用方法，项目四以电动机的 PLC 控制为例介绍了简单 PLC 控制系统的设计方法，项目五以 4 个具体案例介绍了复杂 PLC 控制系统的设计及编程方法。

　　本书由辽宁生态工程职业学院王维、应文博担任主编，沈阳嘉越电力科技有限公司刘吉祥、辽宁建筑职业学院杨中兴、上海数林科技有限公司蔡依蕾任副主编。其中，王维编写了本书项目一、项目二，应文博编写了项目三和项目五，刘吉祥编写了项目四，杨中兴绘制了书中电路图，蔡依蕾为本书制作了仿真案例。

由于编者水平有限，书中难免出现缺点和不足之处，恳请广大读者批评指正。

编者

2023 年 10 月

目 录

常见低压电器元件与电气原理图

【内容要点】

1. 了解常用低压电器的结构、分类及工作原理。
2. 掌握常用低压电器的选用、安装与使用方法。
3. 掌握常用低压电器的测试方法。
4. 熟悉电气控制系统原理图的绘制原则。
5. 掌握组成电气控制线路的基本规律。
6. 掌握交直流电动机的基本控制线路。
7. 学会分析简单的电气控制线路。

【能力目标】

1. 具备常用低压电器的类型识别和结构特点分析能力。
2. 具备常用低压电器的选用、安装与使用能力。
3. 具备拆装和测试常用低压电器能力。
4. 能读懂典型的电气控制线路图。
5. 能分析电气控制线路的控制过程。
6. 能设计简单的电气原理图。
7. 能识读简单的电气控制系统图。

任务一 认识常见低压电器元件

【任务导入】

从专业角度讲，低压电器主要指用于对电路进行接通、分断，对电路参数进行变换，以实现对电路或用电设备的控制、调节、切换、检测和保护等作用的电工装置、设备和元件。用于交流电压 1200V 以下、直流电压 1500V 以下的电路，起通断、保护和控制作用的电器称为低压电器。低压电器的用途广泛，功能多样，目前正沿着体积小、重量轻、安全可靠、使用方便的方向发展，大力发展电子化的新型控制电器，如接近开关、光电开关、电子式时间继电器、固态继电器与接触器等以适应控制系统迅速电子化的需要。具备低压电器的应用能力，是从事配电系统、电力拖动自动控制系统、用电设备安装、运行与维护等相关岗位的能力要求之一。

【知识预备】

继电器是具有隔离功能的自动开关元件，广泛应用于遥控、遥测、通信、自动控制、机电一体化及电力电子设备中，是重要的控制元件之一。继电器实际上是用较小的电流去控制较大电流的一种"自动开关"，故在电路中起着自动调节、安全保护、转换电路等作用。

一、电磁式继电器

（一）电磁式继电器的结构和工作原理

电磁继电器的工作原理是：当线圈通电以后，铁芯被磁化产生足够大的电磁力，吸动衔铁并带动簧片，使动触点和静触点闭合或分开，即原来闭合的触点断开，原来断开的触点闭合；当线圈断电后，电磁吸力消失，衔铁返回原来的位置，动触点和静触点又恢复到原来闭合或分开的状态。应用时只要把需要控制的电路接到触点上，就可利用继电器达到控制的目的。

与接触器不同的是，继电器用于控制电路，流过触点的电流比较小（一般在5A以下），故不需要灭弧装置。

（二）电磁式继电器的主要技术参数

（1）额定工作电压、额定工作电流。额定工作电压是指继电器在正常工作时加在线圈两端的电压。额定工作电流是指继电器在正常工作时要通过线圈的电流。在使用中应满足线圈对电压、电流的要求。

（2）线圈直流电阻。线圈直流电阻是指继电器线圈的直流电阻值。

（3）吸合电压、吸合电流。继电器能够产生吸合动作的最小电压值称为吸合电压。继电器能够产生吸合动作的最小电流值，就称为吸合电流。

（4）释放电压、释放电流。使继电器从吸合状态到释放状态所需的最大电压值，就称释放电压。使继电器从吸合状态到释放状态所需的最大电流值，就称释放电流。为能保证继电器按需要可靠释放，在继电器释放时，其线圈上的电压（电流）必须小于释放电压（电流）。

（5）触点负荷。触点负荷是指继电器的触点允许通过的电流和所加的电压，即触点能够承受的负载大小。在使用时，为保证触点不被损坏，不能用触点负荷小的继电器去控制负载大的电路。

（6）触头数量。触头数量是指继电器具有的常开和常闭触头数量。在不同的控制电路中，所用到的常开和常闭触头数量不同，要根据具体任务选择继电器的规格、型号。

（7）动作时间。动作时间有吸合时间和释放时间两种。吸合时间是指从线圈接受电信号到衔铁完全吸合所需的时间。释放时间是指从线圈断电到衔铁完全释放所需的时间。

（三）电磁式继电器的选择

（1）选择电磁式继电器线圈的额定工作电流。用晶体管或集成电路驱动的直流电磁继电器，其线圈额定工作电流应在驱动电路的输出电流范围之内。

（2）选择电磁式继电器接点类型及接点负荷。同一种型号的继电器通常有多种接点的方式可供选用（电磁继电器有：单组接点、双组接点、多组接点及常开式接点、常闭式接点等），应选用适合应用电路的接点类型。

（3）选择电磁式继电器线圈电源电压。选用电磁式继电器时，首先应选择继电器线圈电源电压是交流还是直流。继电器的额定工作电压普遍应不大于其控制电路的工作电压。

（4）选择电磁式继电器适宜的体积。继电器体积的大小通常与继电器接点负荷的大小有关，选用多大体积的继电器，还应依据应用电路的请求而定。

（四）电磁式继电器的型号及含义

电磁式继电器的型号及含义如下：

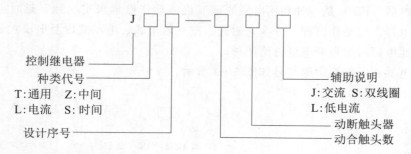

（五）电磁式继电器的类型

1. 电流继电器

根据线圈中电流大小而动的继电器称为电流继电器（KA）。电流继电器是一种常用的电磁式继电器，用于电力拖动系统的电流保护和控制。其线圈串联接入主电路，用来感测主电路的线路电流；触点接于控制电路，为执行元件。电流继电器反映的是电流信号。常用的电流继电器有欠电流继电器和过电流继电器两种。

欠电流继电器（KA）用于电路起欠电流保护，吸引电流为线圈额定电流的30%～65%，释放电流为额定电流的10%～20%，因此，在电路正常工作时，衔铁是吸合的，只有当电流降低到某一整定值时，继电器释放，控制电路失电，从而控制接触器及时分断电路。

过电流继电器（FA）在电路正常工作时不动作，整定范围通常为额定电流的1.1～4倍，当被保护线路的电流高于额定值，达到过电流继电器的整定值时，衔铁吸合，触点机构动作，控制电路失电，从而控制接触器及时分断电路，对电路起过流保护作用。

电流继电器在电路图中的符号如图1-1所示。

2. 电压继电器

根据线圈两端电压大小而动的继电器称为电压继电器（KV）。电压继电器的线圈并联接入主电路，用于检测电路电压的变化。触点接于控制电路，为执行元件。对电路实现过电压或欠电压保护。电压继电器根据其动作电压值的不同，分为过电压和欠电压两种。

图1-1 电流继电器在电路图中的符号

过电压继电器在额定电压下不吸合，当线圈电压达到额定电压的105%～120%时，衔铁吸合，触点机构动作，控制电路失电，控制接触器及时分断被保护电路。欠电压继电器在额定电压下吸合，当线圈电压降至额定电压的 40％～70％时，衔铁释放，触点机构复位，控制接触器及时分断被保护电路。

电压继电器在电路图中的符号如图 1-2 所示。

中间继电器实质上是一种电压继电器。它的特点是触点数目较多，电流容量可增大，可起到中间放大（触点数目和电流容量）的作用。

3. 时间继电器

时间继电器（KT）是一种利用电磁原理或机械动作原理来实现触点延时接通或断开的自动控制电器。按动作原理可分为电磁式、空气阻尼式、电动式以及电子式等；按延时方式可分为通电延时型和断电延时型两种。

时间继电器在电路图中的符号如图 1-3 所示。

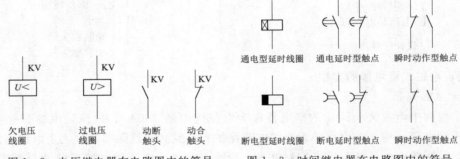

图 1-2　电压继电器在电路图中的符号　　　图 1-3　时间继电器在电路图中的符号

二、非电磁式继电器

非电磁式继电器的感测元件接受非电量信号（如温度、转速、位移及机械力等）。常用的非电磁式继电器有热继电器、速度继电器等。

（一）热继电器

热继电器（KH）是一种应用于电动机及其他电气设备、线路过载保护的电气元件。热继电器是利用电流的热效应原理，在出现电动机不能承受的过载时切断控制回路，为电动机提供过载保护的保护电器。热继电器在电路图中的符号如图 1-4 所示。

1. 热继电器的结构和工作原理

（1）热继电器的结构（图 1-5）。

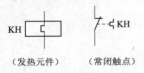

（发热元件）　（常闭触点）

图 1-4　热继电器在
电路图中的符号

热继电器基本结构由发热元件、触点系统、动作机构、复位按钮、整定电流装置和温度补偿元件等部分组成。

1）发热元件是一段阻值不大的电阻丝，串接在被保护电动机的主电路中。

2）双金属片由两种不同热膨胀系数的金属片辗压而成。

3）整定电流旋钮，可根据电机的工作制和额定电流选择。

4）复位按钮，过载故障后，冷却一段时间，可按此按钮复位。复位按钮可设置为手动或者自动位置，一般设置在手动位置。

（2）热继电器的工作原理。

电流经发热元件，产生热量，使有不同热膨胀系数组成的双金属片发生形变。当形变达到一定距离时，就推动连杆动作。热膨胀系数大的称为主动层，热膨胀系数小的称为被动层。图1-6中所示的金属片，上层的热膨胀系数小，下层的热膨胀系数大。

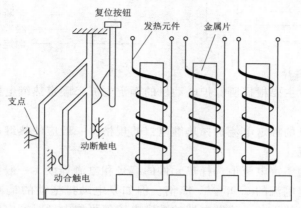

图1-5 热继电器的结构示意图

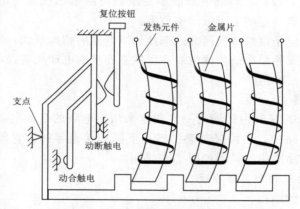

图1-6 热继电器过载保护动作示意图

当电动机过载时，通过发热元件的电流超过整定电流，双金属片受热向上弯曲脱离扣板，产生的机械力带动常闭触点断开。由于热继电器的常闭触点串联在控制回路中，将会断开控制回路电源，导致接触器线圈失电，从而使接触器的主触点断开，电动机的主电路断电，实现过载保护功能。

热继电器动作后，双金属片经过一段时间冷却，按下复位按钮即可复位。

2. 热继电器的主要技术参数

（1）额定电压：热继电器能够正常工作的最高的电压值，一般为交流220V、380V、600V。

（2）额定电流：热继电器的额定电流主要是指通过热继电器的电流。

（3）额定频率：一般而言，其额定频率按照45～62Hz设计。

（4）整定电流范围：整定电流的范围由本身的特性来决定。在一定的电流条件下热继电器的动作时间和电流的平方成正比。

3. 热继电器的型号及含义

热继电器的型号及含义如下：

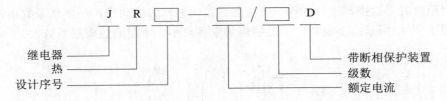

4. 热继电器的选择

选择热继电器，主要根据所保护电动机的额定电流来确定热继电器的规格和热元件的电流等级。

（1）根据电动机的额定电流选择热继电器的规格。一般应使热继电器的额定电流略大于电动机的额定电流。

（2）根据需要的整定电流值选择热元件的编号和电流等级。一般情况下，热元件的整定电流为电动机额定电流的 0.95～1.05 倍。但如果电动机拖动的是冲击性负载或启动时间较长及不允许停电的设备，热继电器的整定电流值可取电动机额定电流的 1.1～1.5 倍。如果电动机的过载能力较差，热继电器的整定电流可取电动机额定电流的 0.6～0.8 倍。同时，整定电流应留有一定的上下限调整范围。

（3）根据电动机定子绕组的连接方式选择热继电器的结构形式，即定子绕组做星形连接的电动机选用普通三相结构的热继电器，而做△连接的电动机应选用三相结构带断相保护装置的热继电器。

（二）速度继电器

速度继电器（KS）是利用转轴的一定转速来切换电路的自动电器。它常用于电动机的反接制动的控制电路中，当反接制动的转速下降到接近零时，它能自动地及时切断电流。速度继电器在电路图中的符号如图 1-7 所示。

1. 速度继电器的结构和工作原理

（1）速度继电器的结构。

图 1-8 为速度继电器的结构示意图。从结构上看，与交流电动机相类似，速度继电器主要由定子、转子和触头三部分组成。定子的结构与笼型异步电动机相似，是一个笼型空心圆环，由硅钢片冲压而成，并装有笼型绕组。转子是一个圆柱形永久磁铁。

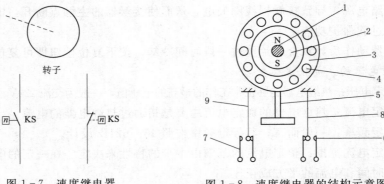

图 1-7 速度继电器
图形符号

图 1-8 速度继电器的结构示意图
1—转轴；2—转子；3—定子；4—绕组；5—摆锤；
6，7—静触头；8，9—动触头

（2）速度继电器的工作原理。

速度继电器的轴与电动机的轴相连接。转子固定在轴上，定子与轴同芯。当电动机转动时，速度继电器的转子随之转动，绕组切割磁场产生感应电动势和电流，此电流和永久磁铁的磁场作用产生转矩，使定子向轴的转动方向偏摆，通过定子柄拨动触点，使常闭触点断开、常开触点闭合。当电动机转速下降到接近于零时，转矩减小，定子柄在弹簧力的作用下恢复原位，触点也复原。

2. 速度继电器的型号及含义

速度继电器的型号及含义如下：

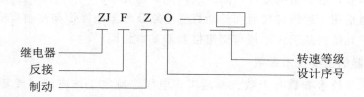

3. 速度继电器的选择

速度继电器主要考虑速度动作值、触头容量、触头形式和数量、电寿命等，主要根据电动机的额定转速来选择。

三、接触器

（一）交流接触器的结构和工作原理

1. 交流接触器的结构

交流接触器的结构示意图如图1-9所示。

交流接触器主要由以下四部分组成。

（1）电磁系统：由线圈、动铁芯（衔铁）和静铁芯组成，其作用是将电磁能转换成机械能，产生电磁吸力带动触头动作。

（2）触头系统：包括主触头和辅助触头。主触头用于通断主电路，通常为三对常开触头。辅助触头用于控制电路，起电气联锁作用，故又称联锁触头。交流接触器的触头系统、线圈和文字符号示意图如图1-10所示，直流接触器在电路图中的符号与交流接触器相同。

（3）灭弧装置，触头开关时产生很大电弧会烧坏主触头，为了迅速切断触头开闭时的电弧，一般容量稍大些的交流接触器都有灭弧室。

（4）其他部分：包括反作用弹簧、缓冲弹簧、触头压力弹簧片、传动机构、短路环、接线柱等。

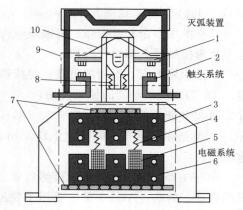

图1-9 交流接触器结构示意图

1—动触头；2—静触头；3—衔铁；4—缓冲弹簧；5—电磁线圈；6—铁芯；7—垫毡；8—反作用弹簧；9—灭弧罩；10—触头压力弹簧片

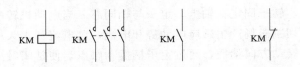

（a）线圈　（b）主触点　（c）动合辅助触点　（d）动断辅助触点

图 1-10　交流接触器图形及文字符号示意图

2. 交流接触器的工作原理

电磁式交流接触器的工作原理如下：线圈通电后，在铁芯中产生磁通及电磁吸力。此电磁吸力克服弹簧反力使得衔铁吸合，带动触头机构动作，常闭触头打开，常开触头闭合、互锁或接通线路。线圈失电或线圈两端电压显著降低时，电磁吸力小于弹簧反力，使得衔铁释放，触头机构复位，断开线路或解除互锁。

直流接触器是用于远距离接通和分断直流电路及频繁地操作和控制直流电动机的一种自动控制电器。其结构及工作原理与交流接触器基本相同。

（二）接触器的主要技术参数

接触器的主要技术参数有极数、额定工作电压、额定工作电流（或额定控制功率）、线圈额定电压、线圈的启动功率和吸持功率、额定通断能力、允许操作频率、机械寿命和电寿命、使用类别等。

（1）极数。极数指交流接触器主触头的个数。极数有两极、三极和四极接触器。三相异步电动机的启停控制一般选用三极接触器。

（2）额定工作电压。额定工作电压指主触头之间的正常工作电压，即主触头所在电路的电源电压。交流接触器额定工作电压有 127V、220V、380V、500V、660V 等，直流接触器额定工作电压有 110V、220V、380V、500V、660V 等。

（3）额定工作电流。额定工作电流指主触头正常工作的电流值。交流接触器的额定工作电流有 10A、20A、40A、60A、100A、150A、400A、600A 等，直流接触器的额定工作电流有 40A、80A、100A、150A、400A、600A 等。

（4）线圈额定电压。线圈额定电压指电磁线圈正常工作的电压值。交流线圈有 127V、220V、380V，直流线圈有 110V、220V、440V。

（5）机械寿命和电寿命。机械寿命为接触器在空载情况下能够正常工作的操作次数。电寿命为接触器有载操作次数。

（6）使用类别。不同的负载，对接触器的触头要求不同，要选择相应使用类别的接触器。AC 为交流接触器的使用类别，DC 为直流接触器的使用类别。AC-1 和 DC-1 类允许接通和分断额定电流，AC-2、DC-3 和 DC-5 类允许接通和分断 4 倍额定电流，AC-3 类允许接通 6 倍的额定电流和分断额定电流，AC-4 允许接通和分断 6 倍额定电流。

AC-1 类主要用于无感或微感负载、电阻炉；AC-2 类主要用于绕线转子异步电动机的启动、制动；AC-3 类主要用于笼型异步电动机的启动、运转中分断；AC-4 类主要用于笼型异步电动机的启动、反接制动、反向和点动等。

（三）接触器的型号及含义

接触器的型号及含义如下：

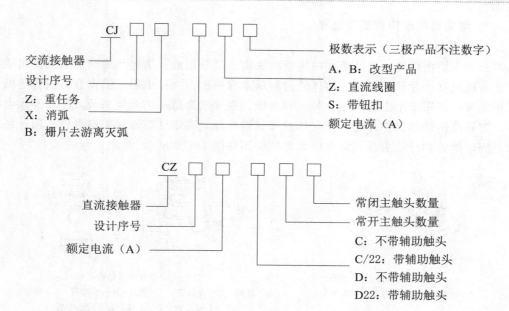

（四）接触器的选择

1. 交流接触器

交流接触器使用广泛，但随着使用场合及控制对象的不同，接触器的操作条件与工作繁重程度也不同。因此，必须对控制对象的工作情况以及接触器的性能有较全面了解，才能做出正确的选择，保证接触器可靠运行并充分发挥其技术经济效益。因此，应根据以下原则选用接触器：

（1）根据被控电路电压等级来选择接触器的额定电压。

（2）根据控制电路电压等级来选择接触器线圈的额定电压等级。

（3）主触头的额定电流应大于或等于负载的额定电流。

（4）根据所控制负载的工作任务来选择相应使用类别的接触器。

2. 直流接触器

直流接触器的选择方法与交流接触器相同。但须指出，选择接触器时，应首先选择接触器的类型，即根据所控制的电动机或负载电流类型来选择接触器。通常交流负载选用交流接触器，直流负载选用直流接触器。如果控制系统中主要是交流负载且直流负载容量较小时，也可用交流接触器控制直流负载，但交流接触器的额定电流应适当选大一些。

四、熔断器

熔断器（FU）是低压配电网络和电力拖动系统中主要用作短路保护的电器，其图形及文字符号如图 1-11 所示。它具有结构简单、体积小、重量轻、使用维护方便、价格低廉等特点，获得了广泛的应用。熔断器按结构形式主要分为

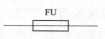

图 1-11 熔断器在
电路图中的符号

瓷插入式、螺旋式、有填料封闭管式、无填料封闭管式等；按用途分为工业用熔断器、半导体器件保护用熔断器、特殊用途熔断器等。

（一）熔断器的结构和工作原理

1．熔断器的结构

熔断器主要由熔体、安装熔体的熔管和底座三部分组成。熔体是熔断器的主要组成部分，常做成丝状、片状或栅状。熔体的材料通常有两种：一种由铅、铅锡合金或锌等低熔点材料制成，多用于小电流电路；另一种由银、铜等较高熔点的金属制成，多用于大电流电路。熔管是熔体的保护外壳，用耐热绝缘材料制成，在熔体熔断时兼有灭弧作用。底座作用是固定熔管和外接引线。常见熔断器结构图如图 1-12 所示。

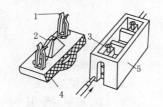 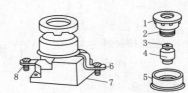

（a）瓷插入式熔断器结构图 　　　　　　（b）螺旋式熔断器结构图

1—动触头；2—熔丝；3—静触头；　　　　1—瓷帽；2—金属管；3—色片；4—熔断管；5—瓷套；

4—瓷盖；5—瓷座　　　　　　　　　　　6—上接线板；7—底座；8—下接线板

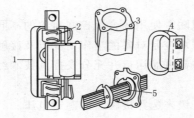

（c）有填料封闭管式熔断器结构图

1—瓷底座；2—弹簧片；3—管体；4—绝缘手柄；5—熔体

图 1-12　常见熔断器结构图

2．熔断器的工作原理

熔断器是一种利用电流热效应原理和热效应导体热熔断来保护电路的电器，广泛应用于各种控制系统中起保护电路的作用。当电路发生短路或严重过载时，它的热效应导体能自动迅速熔断，切断电路，从而保护线路和电气设备。

（二）熔断器的主要技术参数

熔断器的技术参数可分为熔断器（底座）的技术参数和熔体的技术参数。同一规格的熔断器底座可以装设不同规格的熔体。熔体的额定电流可以和熔断器的额定电流不同，但熔体的额定电流不得大于熔断器的额定电流。

（1）额定电压：熔断器长期能够承受的正常工作电压，即安装处电网的额定电压。

（2）额定电流：熔断器壳体部分和载流部分允许通过的长期最大工作电流。

（3）熔体的额定电流：熔体允许长期通过而不会熔断的最大电流。

（4）极限断路电流：熔断器所能断开的最大短路电流。

熔断器的技术参数还包括额定开断能力、电流种类、额定频率、分断范围、使用类别和外壳防护等级等。

（三）熔断器的型号及含义

常用熔断器的型号及含义如下：

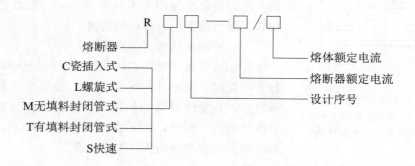

（四）熔断器的选择

（1）熔断器的类型应根据使用场合及安装条件进行选择。电网配电一般用管式熔断器；电动机保护一般用螺旋式熔断器；照明电路一般用瓷式熔断器；保护可控硅则应选择快速熔断器。

（2）熔断器的额定电压必须不小于线路的电压。

（3）熔断器的额定电流必须不小于所装熔体的额定电流。

（4）合理选择熔体的额定电流。

1）对于变压器、电炉和照明等负载，熔体的额定电流应略大于线路负载的额定电流。

2）对于一台电动机负载的短路保护，熔体的额定电流应不小于1.5～2.5倍电动机的额定电流。

3）对几台电动机同时保护，熔体的额定电流应不小于其中最大容量的一台电动机的额定电流的1.5～2.5倍加上其余电动机额定电流的总和。

4）对于降压启动的电动机，熔体的额定电流应等于或略大于电动机的额定电流。

五、主令电器

控制系统中，主令电器是一种专门发布命令、直接或通过电磁式电器间接作用于控制电路的电器。常用来控制电力拖动系统中电动机的启动、停车、调速及制动等。

常用的主令电器有控制按钮、行程开关、接近开关、万能转换开关及其他主令电器（如主令控制器、紧急开关等）。本节仅介绍几种常用的主令电器。

（一）控制按钮

控制按钮（SB）是一种结构简单、应用广泛的主令电器，主要用于远距离控制接触器、电磁启动器、继电器线圈及其他控制线路，也可用于电气联锁线路等。控制按钮在电路图中的符号如图1-13所示。

1．控制按钮的结构和工作原理

（1）控制按钮的结构。

控制按钮一般由按钮、复位弹簧、触头和外壳等部分组成，其结构如图1-14所示。在电器

图1-13　控制按钮在电路图中的符号

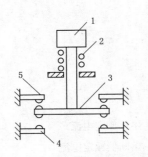

图 1-14 控制按钮的结构示意图
1—按钮帽；2—复位弹簧；3—动触点；
4—常开静触点；5—常闭静触点

控制线路中，常开按钮常用来启动电动机，也称启动按钮；常闭按钮常用于控制电动机停车，也称停车按钮；复合按钮用于联锁控制电路中。为了便于识别各个按钮的作用，通常按钮帽有不同的颜色，一般红色表示停车按钮；绿色或黑色表示启动按钮。

（2）控制按钮的工作原理。

按钮通常做成复合式，即具有常闭触点和常开触点。按下按钮时，先断开常闭触点，后接通常开触点；按钮释放后，在复位弹簧的作用下，按钮触点自动复位的先后顺序相反。通常，在无特殊说明的情况下，有触点电器的触点动作顺序均为"先断后合"。

2. 控制按钮的型号的含义及电气符号

LA 系列控制按钮型号的含义如下：

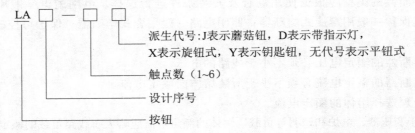

派生代号：J 表示蘑菇钮，D 表示带指示灯，
X 表示旋钮式，Y 表示钥匙钮，无代号表示平钮式

触点数（1~6）

设计序号

按钮

控制按钮的图形符号及文字符号如图 1-15 所示。

3. 控制按钮的选择

（1）根据使用场合选择按钮的种类。

（2）根据用途选择合适的形式。

（3）根据控制回路的需要确定按钮数。

（4）按工作状态指示和工作情况要求选择按钮和指示灯的颜色。

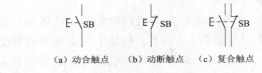

（a）动合触点　（b）动断触点　（c）复合触点

图 1-15　控制按钮的图形符号
及文字符号

（二）行程开关

行程开关（SQ）又称限位开关，是一种自动开关，也是主令电器的一种，通常行程开关被用来限制机械运动的位置或行程，使运动机械按一定的位置或行程实现自动停止、反向运动、变速运动或自动往返运动等。行程开关在电路图中的符号如图 1-16 所示。

1. 行程开关的结构和工作原理

行程开关的作用原理与按钮类似，动作时碰撞行程开关的顶杆。行程开关的种类很多，按其结构不同可分为直动式、滚轮式、微动式；按其复位方式可分为自动复位式和非自动复位式；按触头性质可分为有触头式和无触头式。

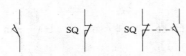

（a）常开触点　（b）常闭触点　（c）复合触点

图 1-16　行程开关在电路图中的符号

（1）直动式行程开关。图 1-17 为直动式行程开关的结构示意图，其动作原理同按钮类似，区别在

于：一个是手动，另一个则由运动部件的撞块碰撞。当外界运动部件上的撞块碰压按钮使其触头动作，当运动部件离开后，在弹簧作用下，其触头自动复位。触点的分合速度取决于生产机械的运行速度，不宜用于速度低于 0.4m/min 的场所。

（2）滚轮式行程开关。图1-18为单轮自动恢复式行程开关的结构示意图，当被控机械上的撞块撞击带有滚轮的撞杆时，撞杆转向右边，带动凸轮转动，顶下推杆，使微动开关中的触点迅速动作。当运动机械返回时，在复位弹簧的作用下，各部分动作部件复位。而双轮旋转式行程开关不能自动复原，它是依靠运动机械反向移动时，挡铁碰撞另一滚轮将其复原。

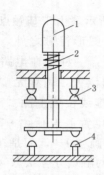

图1-17 直动式行程开关的结构示意图
1—推杆；2—弹簧；3—常闭触点；4—常开触点

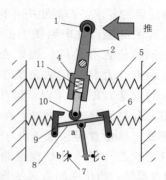

图1-18 单轮自动恢复式行程开关的结构示意图
1—滚轮；2—上转臂；3，5，11—弹簧；4—套架；
6—滑轮；7—压板；8，9—触点；10—横板

（3）微动式行程开关。图1-19为微动式行程开关的结构示意图。当推杆被机械作用力压下时，弹簧片产生机械变形，储存能量并产生位移，当达到临界点时，弹簧片连同桥式动触头瞬时动作。当外力失去后，推杆在弹簧片作用下迅速复位，触头恢复原来状态。微动式行程开关采用瞬动结构，触头换接速度不受推杆压下速度的影响。

2. 行程开关的选择

（1）根据使用场合和控制对象来确定行程开关的种类。当生产机械运动速度不是太快时，通常选用一般用途的行程开关；而当生产机械行程通过的路径不宜装设直动式行程开关时，

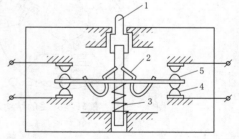

图1-19 微动式行程开关的结构示意图
1—推杆；2—弹簧；3—动合触点；
4—动断触点；5—压缩弹簧

应选用凸轮轴转动式的行程开关；而在工作效率很高、对可靠性及精度要求也很高时，应选用接近开关。

（2）根据使用环境条件，选择开启式或保护式等防护形式。

（3）根据控制电路的电压和电流选择系列。

（4）根据生产机械的运动特征，选择行程开关的结构形式（即操作方式）。

（三）万能转换开关

万能转换开关是由多组相同结构的触点组件叠装而成的多回路控制电器，它具有寿命长、使用可靠、结构简单等优点，适用于交流50Hz、380V、直流220V及以下的电源引入；5kW以下小容量电动机的直接启动；电动机的正、反转控制及照明控制的电路中，但每小时的转换次数不宜超过15～20次。

万能转换开关由接触系统、操作机构、转轴、手柄、齿轮啮合机构等主要部件组成，用螺栓组装成整体，其结构示意图如图1-20所示。在每层触头底座上可装三对触头，由凸轮经转轴来控制这三对触头的通断。凸轮工作位置为45°和30°两种，凸轮材料为尼龙，根据开关控制回路的要求，凸轮也有不同的形式。

万能转换开关的触点在电路图中的图形符号如图1-21所示。由于其触点的分合状态是与操作手柄的位置有关的，因此在电路图中除画出触点图形符号之外，还应有操作手柄位置与触点分合状态的表示方法。其表示方法有两种：一种是在电路图中画虚线和画"·"的方法（图1-21），即用虚线表示操作手柄的位置，用有无"·"分别表示触点的闭合和打开状态。比如，在触点图形符号下方的虚线位置上画"·"，则表示当操作手柄处于该位置时该触点处于闭合状态，若在虚线位置上未画"·"，则表示该触点处于打开状态。另一种是在电路图中既不画虚线也不画"·"，而是在触点图形符号上标出触点编号，再用通断表表示操作手柄在不同位置时的触点分合状态（表1-1），在通断表中用有无"×"分别表示操作手柄在不同位置时触点的闭合和断开状态。

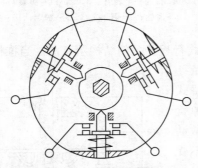

图1-20 万能转换开关的结构示意图

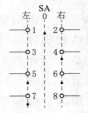

图1-21 万能转换开关的图形符号

表1-1　　　　　　　　　　　　　　　**触 点 接 线 表**

触点号	位　　置		
	左	0	右
1—2		×	
3—4			×
5—6	×	×	
7—8	×		

六、低压开关

开关是最普通的电器之一，主要用于低压配电系统及电气控制系统中，对电路和电器设备进行不频繁地通断、转换电源或负载控制，有的还可用作小容量笼型异步电动机的直接启动控制。所以，低压开关也称低压隔离开关，是低压电器中结构比较简单、应用较广的一类手动电器，主要有刀开关、组合开关、负荷开关、低压断路器等。

（一）刀开关

刀开关（QS）是手动电器中结构最简单的一种，主要用作电源隔离开关，也可用来非频繁地接通和分断容量较小的低压配电线路。刀开关在电路图中的符号如图1-22所示。

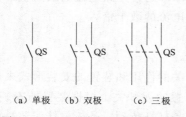

（a）单极　（b）双极　（c）三极

图1-22　刀开关在电路图中的符号

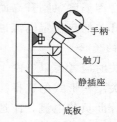

图1-23　刀开关的结构示意图

1. 刀开关的结构

刀开关由手柄、触刀、静插座、铰链支座和绝缘底板等组成，其结构如图1-23所示。它依靠手动来实现触刀插入插座与脱离插座的控制。触刀与插座的接触一般为楔形线接触。为使刀开关分断时有利于灭弧，加快分断速度，设计有带速断刀刃的刀开关和触刀能速断的刀开关，有的还装有灭弧罩。按刀的极数的不同，刀开关有单极、双极与三极之分。

刀开关安装时，手柄要向上，不得倒装或平装。若安装正确，作用在电弧上的电动力和热空气的上升方向一致，就能使电弧迅速拉长而熄灭；反之，两者方向相反，电弧将不易熄灭，严重时会使触点、刀片烧伤，甚至造成极间短路。另外，如果倒装，手柄可能会因自动下落而引起误动作合闸，将可能造成人身和设备安全事故。接线时应将电源线接在上端，负载接在下端，这样拉闸后刀片与电源隔离，可防止意外事故发生。

2. 刀开关的型号及含义

刀开关的型号及含义如下：

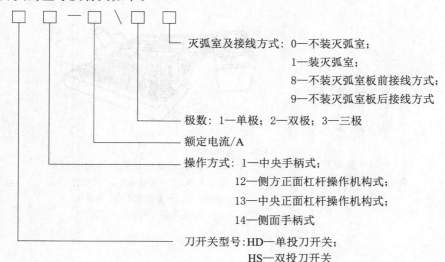

灭弧室及接线方式：0—不装灭弧室；

1—装灭弧室；

8—不装灭弧室板前接线方式；

9—不装灭弧室板后接线方式

极数：1—单极；2—双极；3—三极

额定电流/A

操作方式：1—中央手柄式；

12—侧方正面杠杆操作机构式；

13—中央正面杠杆操作机构式；

14—侧面手柄式

刀开关型号：HD—单投刀开关；

HS—双投刀开关

15

3. 刀开关的主要技术参数

刀开关的主要技术参数有额定电压、额定电流、通断能力、动稳定电流、热稳定电流等。

（1）动稳定电流是指在电路发生短路故障时，刀开关并不因短路电流产生的电动力作用而发生变形、损坏或触刀自动弹出之类的现象。这一短路电流（峰值）即为刀开关的动稳定电流，其数值可高达额定电流的数十倍。

（2）热稳定电流是指发生短路故障时，刀开关在一定时间（通常为1s）内通过某一短路电流并不会因温度急剧升高而发生熔焊现象，这一短路电流的最大值称为刀开关的热稳定电流，刀开关的热稳定电流也可高达额定电流的数十倍。

4. 刀开关的选择

选择刀开关时应考虑以下两个方面：

（1）刀开关结构形式的选择。应根据刀开关的作用和装置的安装形式来选择是否带灭弧装置，若需分断负载电流，应选择带灭弧装置的刀开关。根据装置的安装形式来选择，是否是正面、背面或侧面操作，是直接操作还是杠杆传动，是板前接线还是板后接线的结构形式。

（2）刀开关的额定电流的选择。一般应不小于所分断电路中各个负载额定电流的总和。对于电动机负载，应考虑其启动电流，所以应选用额定电流大一级的刀开关。若再考虑电路出现的短路电流，还应选用额定电流更大的刀开关。

（二）负荷开关

在电力拖动控制线路中，负荷开关（QS）由刀开关和熔断器组合而成。负荷开关分为开启式负荷开关和封闭式负荷开关两种。负荷开关在电路图中的符号如图1-24所示。

1. 开启式负荷开关

开启式负荷开关俗称胶盖瓷底刀开关，主要用作电气照明电路、电热电路的控制开关，也可用作分支电路的配电开关。三极负荷开关在降低容量的情况下，可用作小容量三相感应电动机非频繁启动的控制开关。由于它价格便宜，使用维修方便，故应用十分普遍。与刀开关相比，负荷开关增设了熔体与防护外壳胶盖两部分，可实现短路保护。

图1-24　负荷开关
在电路图中的符号

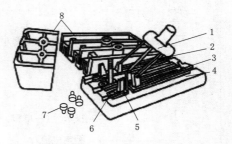

图1-25　开启式负荷开关的结构示意图
1—瓷质手柄；2—动触头；3—出线座；
4—瓷底座；5—静触头；6—进线座；
7—胶盖紧固螺钉；8—胶盖

（1）开启式负荷开关的结构。

开启式负荷开关由瓷质手柄、触刀、触刀座、插座、进线座、出线座、熔体、瓷底座及上、下胶盖等部分组成，结构如图1-25所示。

（2）开启式负荷开关的型号及含义。

开启式负荷开关的型号及含义如下：

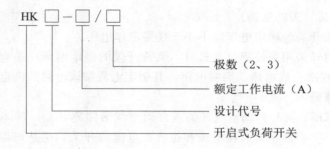

（3）开启式负荷开关的选择。

开启式负荷开关的结构简单，价格便宜，在一般的照明电路和功率小于 5.5kW 的电动机控制线路中被广泛采用。但这种开关没有专门的灭弧装置，其刀式动触头和静触头易被电弧灼伤引起接触不良，因此不宜用于操作频繁的电路。具体选用方法如下：

1）用于照明和电热负载时，选用额定电压 220V 或 250V，额定电流不小于电路所有负载额定电流之和的两极开关。

2）用于控制电动机的直接启动和停止时，选用额定电压 380V 或 500V，额定电流不小于电动机额定电流3倍的三极开关。

2. 封闭式负荷开关

封闭式负荷开关俗称铁壳开关。封闭式负荷开关一般用于电力排灌、电热器、电气照明线路的配电设备中，用来不频繁地接通与分断电路。其中容量较小者（额定电流为 60A 及以下的），还可用作感应电动机的非频繁全电压启动的控制开关。

（1）封闭式负荷开关的结构。

封闭式负荷开关主要由触头和灭弧系统、熔体及操作机构等组成，装于防护外壳内。封闭式负荷开关操作机构有两个特点：一是采用储能闭合方式，即利用一根弹簧执行闭合和断开的功能，使开关的闭合和分断速度与操作速度无关（它既有助于改善开关的动作性能和灭弧性能，又能防止触头停滞在中间位置）；二是设有联锁装置，以保证开关闭合后便不能打开箱盖，而在箱盖打开后，不能再闭合。封闭式负荷开关的结构示意图如图1-26所示。

（2）封闭式负荷开关的型号及含义。

封闭式负荷开关的型号及含义如下：

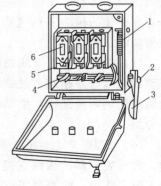

图1-26 封闭式负荷开关
的结构示意图

1—速断弹簧；2—转轴；3—手柄；
4—刀式触头；5—静夹座；
6—熔断器

17

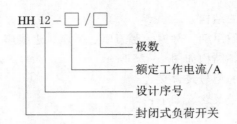

（3）封闭式负荷开关的选择。

1）封闭式负荷开关的额定电压应不小于线路工作电压。

2）封闭式负荷开关用来控制电动机时，负荷开关的额定电流应是电动机额定电流的2倍左右。若用来控制一般电热、照明电路，其额定电流按该电路的额定电流选择。

（三）低压断路器

低压断路器（QF）又称自动空气开关或自动空气断路器，是一种不仅可以接通和分断正常负荷电流和过负荷电流的开关，还是可以接通和分断短路电流的开关电器。按结构形式可分为塑壳式（又称装置式）、框架式（又称万能式）、限流式、直流快速式、灭磁式和漏电保护式等。低压断路器在电路中除起控制作用外，还具有一定的保护功能，如过负荷、短路、欠压和漏电保护等，因此其应用非常广泛。低压断路器在电路图中的符号如图1-27所示。

图1-27　低压断路器在电路图中的符号

1. 低压断路器的结构和工作原理

低压断路器主要由动触头、静触头、灭弧装置、操作机构、过流脱扣器、分励脱扣器、欠压脱扣器及外壳等部分组成，其结构如图1-28所示。断路器开关是靠手动或电动操作机构合闸的，触头闭合后，自由脱扣机构将触头锁扣在合闸位置上。

（1）过电流脱扣器用于线路的短路和过电流保护。当线路的电流大于整定的电流值时，过电流脱扣器所产生的电磁力使挂钩脱扣，动触点在弹簧的拉力下迅速断开，实现断路器的跳闸功能。

（2）热脱扣器用于线路的过载保护。工作原理和热继电器相同，过载时热元件发热使双金属片受热弯曲到位，推动脱扣器动作使断路器分闸。

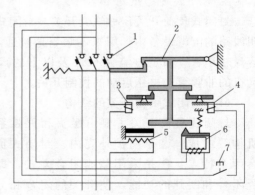

图1-28　低压断路器的结构示意图

1—主触点；2—搭钩；3—过流脱扣器；4—分励脱扣器；5—发热元件；6—欠压脱扣器；7—按钮

（3）失压（欠电压）脱扣器用于失压保护。失压脱扣器的线圈直接接在电源上，衔铁处于吸合状态，断路器可以正常合闸。当断电或电压很低时，失压脱扣器的吸力小于弹簧的反力，弹簧使动铁芯向上使挂钩脱扣，实现断路器的跳闸功能。

（4）分励脱扣器用于远程控制。当在远方按下按钮时，分励脱扣器通电流产生电磁力，使其脱扣跳闸。

不同低压断路器的保护是不同的，使用时应根据需要选用，保护功能主要有短路、过载、欠压、失压、漏电等。

2. 低压断路器的型号及含义

低压断路器的型号及含义如下：

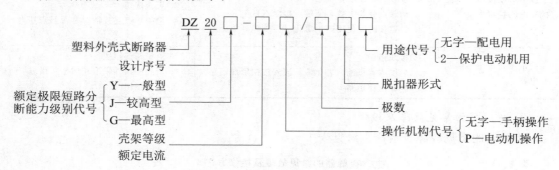

3. 低压断路器的主要技术参数

（1）额定工作电压。断路器的额定工作电压是指与开断能力及使用类别相关的电压值。对于多相电路，额定工作电压是指相间的电压值。

（2）额定绝缘电压。断路器的额定绝缘电压是指设计断路器的电压值，电气间隙和爬电距离应参照这些值而定。除非型号产品技术文件另有规定，额定绝缘电压是断路器的最大额定工作电压。在任何情况下，最大额定工作电压不超过绝缘电压。

（3）断路器壳架等级额定电流用尺寸和结构相同的框架或塑料外壳中能装入的最大脱扣器额定电流表示。

（4）断路器额定电流就是额定持续电流，也就是脱扣器能长期通过的电流。对带可调式脱扣器的断路器是长期通过的最大电流。

（5）额定短路分断能力是指断路器在规定条件下所能分断的最大短路电流值。

4. 低压断路器的选择

低压断路器的选择，应遵守以下几条原则：

（1）低压断路器的额定电压和额定电流应不小于线路、设备的正常工作电压和工作电流。

（2）低压断路器的极限通断能力应不小于电路最大短路电流。

（3）欠电压脱扣器的额定电压应等于线路的额定电压。

（4）过电流脱扣器的额定电流应不小于线路的最大负载电流。

七、常见低压电器故障及检修方法

1. 控制按钮的常见故障及检修方法

控制按钮的常见故障及检修方法见表1-2。

表 1-2　　　　　　　　　　控制按钮的常见故障及检修方法

故障现象	产生原因	检修方法
按下启动按钮时有触电感觉	1. 按钮的防护金属外壳与连接导线接触 2. 按钮帽的缝隙间充满铁屑，使其与导电部分形成通路	1. 检查按钮内连接导线，排除故障 2. 清理按钮及触点，使其保持清洁

续表

故障现象	产生原因	检修方法
按下启动按钮，不能接通电路控制失灵	1. 接线头脱落 2. 触点磨损松动，接触不良 3. 动触点弹簧失效，使触点接触不良 4. 触点长时间使用产生氧化	1. 重新连接接线 2. 检修触点或调换按钮 3. 更换按钮 4. 检测触点连接情况是否触点压合松动
按下停止按钮不能断开电路	1. 接线错误 2. 尘埃或者机油、乳化液等流入按钮形成短路 3. 绝缘击穿短路	1. 更正错误接线 2. 清扫按钮并采取相应密封措施 3. 更换按钮

2. 接触器的常见故障及检修

接触器的常见故障及检修方法见表1-3。

表1-3　　　　　　　　　接触器的常见故障及检修方法

故障现象	产生原因	检修方法
接触器线圈过热或烧毁	1. 电源电压过高或过低 2. 操作接触器过于频繁 3. 环境温度过高使接触器难以散热或线圈在有腐蚀性气体或潮湿环境下工作 4. 接触器铁芯端面不平，消剩磁气隙过大或有污垢 5. 接触器动铁芯机械故障使其通电后不能吸上 6. 线圈有机械损伤或中间短路	1. 调整电压到正常值 2. 改变操作接触器的频度或更换合适的接触器 3. 改善工作环境 4. 清理擦拭接触器铁芯端面，严重时更换铁芯 5. 检查接触器机械部分动作不灵或卡死的原因，修复后如线圈烧毁应更换同型号线圈 6. 更换接触器线圈，排除造成接触器线圈机械损伤的故障
接触器触点熔焊	1. 接触器负载侧短路 2. 接触器触点超负载使用 3. 接触器触点质量太差发生熔焊 4. 触点表面有异物或有金属颗粒突起 5. 触点弹簧压力过小 6. 接触器线圈与通入线圈的电压线路接触不良，造成高频率的通断，使接触器瞬时多次吸合释放	1. 首先断电，用螺丝刀把熔焊的触点分开，修整触点接触面，并排除短路故障 2. 更换容量大一级的接触器 3. 更换合格的高质量接触器 4. 清理触点表面 5. 重新调整好弹簧压力 6. 检查接触器线圈控制回路接触不良处，并修复
接触器铁芯吸合不上或不能完全吸合	1. 电源电压过低 2. 接触器控制线路有误或接不通电源 3. 接触器线圈断线或烧坏 4. 接触器衔铁机械部分不灵活或动触点卡住 5. 触点弹簧压力过大或超程过大	1. 调整电压达正常值 2. 更正接触器机械控制线路；更换损坏的电气元件 3. 更换线圈 4. 修理接触器机械故障，去除生锈，并在机械动作机构处加些润滑油；更换损坏零件 5. 按技术要求重新调整触点弹簧压力
接触器铁芯释放缓慢或不能释放	1. 接触器铁芯端面有油污成释放缓慢 2. 反作用弹簧损坏，造成释放慢 3. 接触器铁芯机械动作机构被卡住或生锈动不灵活 4. 接触器触点熔焊造成不能释放	1. 取出动铁芯，用棉布把两铁芯端面油污擦净，重新装配好 2. 更换新的反作用弹簧 3. 修理或更换损坏零件；清除杂物与除锈 4. 用螺丝刀把动触点分开，并用钢锉修整触点表面

故障现象	产生原因	检修方法
接触器相间短路	1. 接触器工作环境极差 2. 接触器灭弧罩损坏或脱落 3. 负载短路 4. 正反转接触器操作不当加上联锁互锁不可靠，造成换向时两只接触器同时吸合	1. 改善工作环境 2. 重新选配接触器灭弧罩 3. 处理负载短路故障 4. 重新联锁换向接触器互锁电路，并改变操作方式，不能同时按下两只换向接触器启动按钮
接触器触点过热或灼伤	1. 接触器在环境温度过高的地方长期工作 2. 操作过于频繁或触点容量不够 3. 触点超程太小 4. 触点表面有杂质或不平 5. 触点弹簧压力过小 6. 三相触点不能同步接触 7. 负载侧短路	1. 改善工作环境 2. 尽可能减少操作频率或更换大一级容量的接触器 3. 重新调整触点超程或更换触点 4. 清理触点表面 5. 重新调整弹簧压力或更换新弹簧 6. 调整接触器三相动触点使其同步接触静触点 7. 排除负载短路
接触器工作时噪声过大	1. 通入接触器线圈的电源电压过低 2. 铁芯端面生锈或有杂物 3. 铁芯吸合时歪斜或有机械卡住故障 4. 接触器铁芯短路环断裂或脱掉 5. 铁芯端面不平，磨损严重 6. 接触器触点压力过大	1. 调整电压 2. 清理铁芯端面 3. 重新装配、修理接触器机械动作机构 4. 焊接短路环并重新装上 5. 更换接触器铁芯 6. 重新调整接触器弹簧压力，使其适当为止

3. 热继电器的常见故障及检修

热继电器的常见故障及检修方法见表 1 - 4。

表 1 - 4　　　　　　　　　　热继电器的常见故障及检修方法

故障现象	产生原因	检修方法
热继电器误动作	1. 选用热继电器规格不当或大负载选用热继电器电流值太小 2. 整定热继电器电流值偏低 3. 电动机启动电流过大，电动机启动时间过长 4. 反复在短时间内启动电动机，操作过于频繁 5. 连接热继电器主回路的导线过细、接触不良或主导线在热继电器接线端子上未压紧 6. 热继电器受到强烈的冲击振动	1. 更换热继电器，使它的额定值与电动机额定值相符 2. 调整热继电器整定值，使其正好与电动机的额定电流值相符合并对应 3. 减轻启动负载；电动机启动时间过长时，应将时间继电器调整的时间稍短些 4. 减少电动机启动次数 5. 更换连接热继电器主回路的导线，使其横截面积符合电流要求；重新压紧热继电器主回路的导线端子 6. 改善热继电器使用环境
热继电器在超负载电流值时不动	1. 热继电器动作电流整定得过高 2. 动作二次接点有污垢，造成短路 3. 热继电器烧坏 4. 热继电器动作机构卡死或导板脱出 5. 连接热继电器的主回路导线过粗	1. 重新调整热继电器电流值 2. 用乙醇清洗热继电器的动作触点，更换损坏部件 3. 更换同型号的热继电器 4. 调整热继电器动作机构，并加以修理。如导板脱出要重新放入并调整好 5. 更换成符合标准的导线
热继电器烧坏	1. 热继电器在选择的规格上与实际负载电流不相配 2. 流过热继电器的电流严重超载或负载短路 3. 可能是操作电动机过于频繁 4. 热继电器动作机构不灵，使热元件长期超载而不能保护热继电器 5. 热继电器的主接线端子与电源线连接时有松动现象或氧化线头接触不良引起发热烧坏	1. 热电器的规格要选择适当 2. 检查电路故障，在排除短路故障后，更换合适的热继电器 3. 改变操作电动机方式，减少启动电动机次数 4. 更换动作灵敏的合格热继电器 5. 设法去掉接线头与热继电器接线端子的氧化层，并重新压紧热继电器的主接线

4. 低压断路器常见故障及检修方法

低压断路器的常见故障及检修方法见表1-5。

表 1-5 低压断路器的常见故障及检修方法

故障现象	产生原因	检修方法
电动机操作的断路器触点不能闭合	1. 电源电压与断路器所需电压不一致 2. 电动机操作定位开关不灵，操作机构损坏 3. 电磁铁拉杆行程不到位 4. 控制设备线路断路或元件损坏	1. 应重新通入一致的电压 2. 重新校正定位机构，更换损坏机构 3. 更换拉杆 4. 重新接线，更换损坏的元器件
手动操作的断路器触点不能闭合	1. 断路器机械机构复位不好 2. 失压脱器无电压或线圈烧毁 3. 储能弹簧变形，导致闭合力减弱 4. 弹簧的反作用力过大	1. 调整机械机构 2. 无电压时应通入电压，线圈烧毁应更换同型号线圈 3. 更换储能弹簧 4. 调整弹簧，减少反作用力
断路器有一相触点接触不上	1. 断路器一相连杆断裂 2. 操作机构一相卡死或损坏 3. 断路器连杆之间角度变大	1. 更换其中一相连杆 2. 检测机构卡死原因，更换损坏器件 3. 把连杆之间的角度调整至170°为宜
断路器失压脱扣器不能自动开关分断	1. 断路器机械机构卡死不灵活 2. 反力弹簧作用力变小	1. 重新装配断路器，使其机构灵活 2. 调整反力弹簧，使反作用力及储能力增大
断路器分励脱扣器不能使断路器分断	1. 电源电压与线圈电压不一致 2. 线圈烧毁 3. 脱扣器整定值不对 4. 电动开关机构螺丝未拧紧	1. 重新通入合适电压 2. 更换线圈 3. 重新整定脱扣器的整定值，使其动作准确 4. 紧固螺丝
在启动电动机时断路器立刻分断	1. 负荷电流瞬时过大 2. 过流脱扣器瞬时整定值过小 3. 橡皮膜损坏	1. 处理负荷超载的问题，然后恢复供电 2. 重新调整过电流脱扣器瞬时整定弹簧及螺丝，使其整定到适合位置 3. 更换橡皮膜
断路器在运行一段时间后自动分断	1. 较大容量的断路器电源进出线接头连接处松动，接触电阻大，在运行中发热，引起电流脱扣器动作 2. 过电流脱扣器延时整定值过小 3. 热元件损坏	1. 对于较大负荷的断路器，要松开电源进出线的固定螺丝，去掉接触杂质，把接线鼻重新压紧 2. 重新整定过流值 3. 更换热元件，严重时要更换断路器
断路器噪声较大	1. 失压脱扣器反力弹簧作用力过大 2. 线圈铁芯接触面不洁或生锈 3. 短路环断裂或脱落	1. 重新调整失压脱扣器弹簧压力 2. 用细砂纸打磨铁芯接触面，涂上少许机油 3. 重新加装短路环
断路器辅助触点不通	1. 辅助触点卡死或脱落 2. 辅助触点接触不洁或接触不良 3. 辅助触点传动杆断裂或滚轮脱落	1. 重新拨正装好辅助触点机构 2. 把辅助触点清擦一次或用细砂纸打磨触点 3. 更换同型号的传动杆或滚轮

续表

故障现象	产生原因	检修方法
断路器在运行中温度过高	1. 通入断路器的主导线接触处未接紧，接触电阻过大 2. 断路器触点表面磨损严重或有杂质，接触面积减小 3. 触点压力降低	1. 重新检查主导线的接线鼻，并使导线在断路器上压紧 2. 用锉刀把触点打磨平整 3. 调整触点压力或更换弹簧
带半导体过脱扣的断路器，在正常运行时误动作	1. 周围有大型设备的磁场影响半导体脱扣开关，使其误动作 2. 半导体元件损坏	1. 仔细检查周围的大型电磁铁分断时磁场产生的影响，并尽可能使两者距离远些 2. 更换损坏的元件

5. 时间继电器的常见故障及检修

时间继电器常见故障及检修方法见表 1-6。

表 1-6　　　　　　　　时间继电器的常见故障及检修方法

故障现象	产生原因	检修方法
延时触点不动作	1. 空气阻尼式时间继电器电磁铁线圈断线 2. 电动式时间继电器的同步电动机线圈断线 3. 电动式时间继电器的棘爪无弹性，不能刹住棘齿 4. 电动式时间继电器游丝断裂 5. 电子式时间继电器插脚接触不良 6. 电子式时间继电器电子元件部分故障或脱焊	1. 更换线圈 2. 重绕电动机线圈，或调换同步电动机 3. 更换新的合格的棘爪 4. 更换游丝 5. 更换底座 6. 更换或维修时间继电器
延时时间缩短	1. 空气阻尼式时间继电器的气室装配不严，漏气 2. 空气阻尼式时间继电器的气室内橡皮薄膜损坏	1. 修理或调换气室 2. 更换橡皮薄膜
延时间变长	1. 空气阻尼式时间继电器的气室内有灰尘，使气道阻塞 2. 电动式时间继电器的传动机构缺润滑油 3. 电子式时间继电器电子元件部分故障	1. 清除气室内灰尘，使气道畅通 2. 加入适量的润滑油 3. 更换或维修时间继电器

【任务实施】

一、电磁性继电器

1. 认识常用的时间继电器

根据时间继电器的实物，写出对应的型号。

2. 时间继电器的测试步骤

（1）切断继电控制线路电源，在用试电笔或万用表电压挡测量确认无电后，拆除时间继电器的连接导线。

（2）用万用表的欧姆挡检测时间继电器线圈的直流电阻值，观察线圈电阻值是否正常。

（3）用万用表电阻挡检测时间继电器的常开、常闭触点在初始状态下的通断情况是否正常。如果是空气阻尼式的，可以用手按下电磁结构或动作指示按钮使触点动作，再用万用表电阻挡检查触点状态是否转换。

（4）如果以上测试结果正常，则恢复时间继电器线圈两端的接线。通电前应根据线路要求确定时间继电器的时间整定电流，整定时间调节旋钮至整定值。

（5）根据线圈电压等级接通控制电压，用万用表电阻挡检测时间继电器的常开、常闭触点在通电状态下的触点通断情况是否正常。

二、非电磁式继电器

1. 认识常用的热继电器

根据热继电器的实物，写出对应的型号。

2. 热继电器的测试步骤

（1）切断热继电器控制线路电源，在用试电笔或万用表电压挡测量确认无电后，拆除热继电器主回路上口连接导线和常闭触点的任一端连接导线。

（2）用万用表的欧姆挡检查热元件上下口通断情况是否正常。

（3）用万用表欧姆挡检查热继电器常闭触点在初始状态下的通断情况是否正常。用手按下常闭触点断开按钮，用万用表欧姆挡检查常闭触点是否断开。

（4）测量结束，恢复热继电器上口及常闭触点的接线。通电前应根据所保护电动机的容量确定热继电器的整定电流，用螺丝刀调节整定电流调节旋钮至整定值。

（5）接通电源试验时，用交流电压挡测量热继电器热元件下口输出的三相电压情况。

三、接触器

1. 认识常用的接触器

根据接触器的实物，写出对应的型号。

2. 交流接触器的拆装及测试

（1）拆装交流接触器，按以下步骤进行：

1）拆卸：拆下灭弧罩；拆底盖螺钉；打开盖，取出铁芯，注意衬垫纸片不要弄丢；取出缓冲弹簧和电磁线圈；取出反作用弹簧。拆卸完毕将零部件放好，不要丢失。

2）观察：仔细观察交流接触器的结构，零部件是否完好无损；观察铁芯上的短路环位置及大小；记录交流接触器的有关数据。

3）组装：安装反作用弹簧；安装电磁线圈；安装缓冲弹簧；安装铁芯；最后安装底盖，拧紧螺钉。安装时，不要碰损零部件。

4）更换辅助触头：松开压线螺钉，拆除静触头；用尖嘴钳夹住动触头向外拆，即可拆除动触头；将触头插在应安装的位置，拧紧螺钉就可以更换静触头；用尖嘴钳夹住触头插入动触头位置，更换动触头。

5）更换主触头：交流接触器的主触头一般是桥式结构。将静触头和动触头一一拆除，依次更换。应注意组装时，零件必须到位，无卡阻现象。

（2）对交流接触器的释放电压进行测试，步骤如下：

1）按照图接线。

2）闭合刀开关 QS，调节调压器为 380V；闭合 QS2，交流接触器吸合；转动调压器手柄，使电压均匀下降，同时注意接触器的变化，并在表 1－7 中记录数据。

（3）对交流接触器的最低吸合电压进行测试。

从释放电压开始，每次将电压上调 10V，然后闭合刀开关。观察交流接触器是否吸合。如此重复，直到交流接触器能可靠地闭合工作为止，在表 1－8 中记录数据。

表 1-7	记　录　表		单位：V
电源电压	开始出现噪声时的电压	接触器释放电压	释放电压/额定电压

表 1-8	记　录　表	单位：V
最低吸合电压		吸合电压/电源电压

四、熔断器

1. 认识常用的熔断器

根据熔断器的实物，写出对应的型号。

2. 熔断器的测试步骤

（1）切断熔断器上口电源，在用试电笔或万用表电压挡测量确认无电后，检查熔断器上、下口导线的连接情况，检查是否有松动现象。

（2）用万用表电阻挡检查熔断器和熔体的通断情况是否正常。

（3）若熔体发生熔断，则通过观察更换相应规格的熔体。

（4）重新正确更换熔体后，接通上口电源，用试电笔或万用表电压挡测量断路器上、下口的电源情况。

五、主令电器

1. 按钮的测试步骤

（1）切断线路电源，将按钮接线中便于拆装的一端拆下。

（2）在保持按钮初始状态的情况下，用万用表电阻挡测量按钮的通断情况是否正常。

（3）在按下按钮的情况下，用万用表电阻挡测量按钮的通断情况是否正常。正常时测量的电阻应为 0 或接近于 0。

（4）若触点存在问题，则根据不同的按钮类型，采用正确方法拆下触点，用锉刀对触点进行修复，安装恢复后，还需要进一步用万用表电阻挡测量确认修复情况。

（5）重新恢复按钮的接线，并检查按钮的接线是否牢固。

2. 按钮的安装步骤

（1）根据线路需求，选择按钮常开、常闭个数，进行组装。

（2）在保持按钮松开和按下的情况下，用万用表电阻挡测量按钮的通断情况是否正常。

（3）检测正确后，根据不同的结构类型，进行正确的安装。

六、低压开关

1. 低压断路器的测试步骤

（1）切断断路器上口电源，在用试电笔或万用表电压挡测量确认无电后，检查断路器上、下口导线的连接情况，检查是否有松动现象。

（2）用万用表电阻挡检查断路器在手柄拉断和推合两种状态下的通断情况是否正常。合上电阻为 0 或接近于 0，断开后是无穷大。

（3）将断路器上口电源线拆下，用 500V 兆欧表检测断路器极间、每极与地间以及断路器断开时上、下口之间的绝缘电阻值，应不小于 10MΩ。

（4）重新连接好断路器上口的电源接线，接通上口电源，闭合断路器手柄，用万用表电压挡测量断路器上、下口的电压情况。

（5）若断路器具有漏电保护功能，则按下实验按钮，观察断路器能否正常跳闸。

【知识扩展】

一、低压电器的定义及分类

电器泛指所有用电的器具，从专业角度上来讲，主要指用于对电路进行接通、分断，对电路参数进行变换，以实现对电路或用电设备的控制、调节、切换、检测和保护等作用的电工装置、设备和元件。用于交流电压 1200V 以下、直流电压 1500V 以下的电路，起通断、保护和控制作用的电器称为低压电器。

低压电器的用途广泛，功能多样、种类紧多，构造各异。下面是几种常用的低压电器分类方法。

1. 按功能分

（1）用于接通和分断电路的电器，如接触器、刀开关、负荷开关、隔离开关、断路器等。

（2）用于控制电路的电器，如电磁启动器、自祸减压启动器、变阻器、控制继电器等。

（3）用于切换电路的电器，如转换开关、主令电器等。

（4）用于检测电路系数的电器，如互感器、传感器等。

（5）用于保护电路的电器，如熔断器、断路器、避雷器等。

2. 按动作原理分

（1）手动电器：用手或依靠机械力进行操作的电器，如手动开关、控制按钮、行程开关等主令电器。

（2）自动电器：借助于电磁力或某个物理量的变化自动进行操作的电器，如接触器、各种类型的继电器、电磁阀等。

3. 按工作原理分

（1）电磁式电器：依据电磁感应原理来工作，如接触器、各种类型的电磁式继电器等。

（2）非电量控制电器：依靠外力或某种非电物理量的变化而动作的电器、如刀开关、行程开关、按钮、速度继电器、温度继电器等。

二、低压电器的发展概况

1. 国内低压电器的发展概况

1949 年前，我国的低压电器工业基本上是空白的。1949 年后，从 1953 年到现在，我国低压电器工业的发展经过全面仿苏、自行设计、更新换代、技术引进、跟踪国外新产品等几个阶段，在品种、水平、生产总量、新技术应用、检测技术与国际标准接轨等方面都取得了巨大成就。当前，我国低压电器的发展正向着更高层次迈进，按照国际标准进行新产品的研制、开发工作。对传统新一代产品向着提高电器元件的性能，大力发展机电一体化产品方向发展，并提出了高性能、高可靠、小型化、多功能、组合化、模块化、电子化、智能化的要求。随着计算机网络的发展与应用，正在研制开发、生产和推广应用各种可通信智能化电器（带微处理器的智能化电器的共同特点是具有完善的保护功能、智能脱扣功能、试验、测量、自诊断、显示、通信等多项组合功能)。此外，模块化终端组合电器(模块化终端组合电器是一种安装式终端电器装置，主要特点是实现了电器尺寸模块化、安装轨道化、外形艺术化和使用安全化，是理想的新一代电器装置)和节能电器等，也将是今后相当长时间内低压电器重要发展方向之一。随着国民经济的发展，我国的低压电器工业将会大大缩短与先进国家的差距，发展到更高的水平以满足国内外市场的需求。

2. 国内外低压电器的发展趋势

低压电器的发展方向，取决于现代工业自动化的需要，以及相关新技术的发展与应用，传统低压电器不断更新换代，目前正向着以下几个方向发展：高性能、高可靠性、智能化、小型化、模块化、组合化和零部件通用化。

计算机网络系统的应用，一方面使低压电器智能化，另一方面使智能化电器与中央控制计算机进行双向通信。不仅提高了低压电器与控制系统的自动化程度，还实现了信息化，提高了整个系统的可靠性。专用应用软件不仅可实现设计与制造的自动化与优化，还能让设计者在计算机上仿真完成零部件设计、装配和运行，大幅度缩短开发周期与开发费用，提高产品性能。

模块化使电器制造过程大为简便，通过不同模块积木式的组合，使电器可获得不同的附加功能，以实现不同的功能要求。

组合化使不同功能的电器组合在一起，有利于使电器结构紧凑，减少线路中所需元件品种，并使保护特性得到良好配合。

开关电器小型化，一方面是指电器本身的尺寸要小，另一方面是指利用新的灭弧和限流技术，减小喷强距离或实现"无飞强"，以缩小安装这种电器的开关柜尺寸。

【职业技能知识点考核】

常见低压电器元件的检测方法有哪些？

任务二　电气控制系统图识读

【任务导入】

电气控制系统图包括电气原理图、电气布置图、电气安装接线图。为了表达电气控制系统的结构、原理，便于进行电器元件的安装、调整、使用和维修，绘制电气控制系统图时，应根据简明易懂的原则，使用统一规定的电气图形符号和文字符号进行绘制。

【知识预备】

一、常用电气图形、文字符号

电气控制线路图是电气工程技术的通用语言。为了便于交流与沟通，国家标准化管理委员会、参照国际电工委员会(IEC)颁布的有关文件，制定了我国电气设备的有关标准，采用新的图形和文字符号及回路标号，颁布了 GB/T 4728.1—2018《电气简图用图形符号　第1部分：一般要求》、GB/T 6988.1—2008《电气技术用文件的编制　第1部分：规则》，并按照上述文件的要求来绘制电气控制系统图。常见元件图形符号、文字符号见表1-9。

表 1-9　　　　　　　　　**常见元件图形符号、文字符号一览表**

类别	名称	图形符号	文字符号	类别	名称	图形符号	文字符号
开关	单极控制开关		SA	时间继电器	瞬时闭合的常开触头		KT
	手动开关一般符号		SA		瞬时断开的常闭触头		KT
	三极控制开关		QS		延时闭合的常开触头		KT
	三极隔离开关		QS		延时断开的常闭触头		KT
	三极负荷开关		QS		延时闭合的常闭触头		KT
	组合旋钮开关		QS		延时断开的常开触头		KT
	低压断路器		QF		电磁铁的一般符号		YA
	控制器或操作开关		SA	电磁操作器	电磁吸盘		YH
接触器	线圈操作器件		KM		电磁离合器		YC
	常开主触头		KM		电磁制动器		YB
	常开辅助触头		KM		电磁阀		YV
	常闭辅助触头		KM	非电量控制的继电器	速度继电器常开触头		KS
时间继电器	通电延时（缓吸）线圈		KT		压力继电器常开触头		KP
	断电延时（缓放）线圈		KT	电动机	发电机		G

类别	名称	图形符号	文字符号	类别	名称	图形符号	文字符号
电动机	直流测速发电机	TG	TG	中间继电器	线圈		KA
灯	信号灯（指示灯）	⊗	HL		常开触头		KA
	照明灯	⊗	EL		常闭触头		KA
接插器	插头和插座	或	X 插头 XP 插座 XS	电流继电器	过电流线圈	$I>$	KA
位置开关	常开触头		SQ		欠电流线圈	$I<$	KA
	常闭触头		SQ		常开触头		KA
	复合触头		SQ		常闭触头		KA
按钮	常开按钮	E-\	SB		过电压线圈	$U>$	KV
	常闭按钮	E-7	SB		欠电压线圈	$U<$	KV
	复合按钮	E-7-\	SB		常开触头		KV
	急停按钮		SB		常闭触头		KV
	钥匙操作式按钮		SB	电动机	三相笼型异步电动机	M 3~	M
热继电器	热元件		FR		三相绕线转子异步电动机	M 3~	M
	常闭触头		FR		他励直流电动机	M	M

类别	名称	图形符号	文字符号	类别	名称	图形符号	文字符号
电动机	并励直流电动机		M	变压器	三相变压器		TM
	串励直流电动机		M	互感器	电压互感器		TV
熔断器	熔断器		FU		电流互感器		TA
变压器	单相变压器		TC		电抗器		L

二、电气原理图

电气原理图是根据生产机械运动形式对电气控制系统的要求，采用国家统一规定的电气图形符号和文字符号，按照电气设备和电器的工作顺序，详细表示电路、设备或成套装置的全部基本组成和连接关系，而不考虑其实际位置的一种简图。

电气原理图能充分表达电气设备和电器的用途、作用和工作原理，是电气线路安装、调试和维修的理论依据。

绘制、识读电气原理图时应遵循以下原则：

（1）电气原理图一般分电源电路、主电路和辅助电路三部分绘制。

1）电源电路画成水平线，三相交流电源相序 L1、L2、L3 自上而下依次画出，中线 N 和保护地线 PE 依次画在相线之下。直流电源的"＋"端画在上边，"－"端在下边画出。电源开关要水平画出。

2）主电路是指受电的动力装置及控制、保护电器的支路等，它是由主熔断器、接触器的主触头、热继电器的热元件以及电动机等组成。主电路通过的电流是电动机的工作电流，电流较大。主电路图要画在电路图的左侧并垂直于电源电路。

3）辅助电路一般包括控制主电路工作状态的控制电路；显示主电路工作状态的指示电路提供机床设备局部照明的照明电路等。它是由主令电器的触头、接触器线圈及辅助触头、继电器线圈及触头、指示灯和照明灯等组成。辅助电路通过的电流都较小，一般不超过 5A。画辅助电路图时，辅助电路要跨接在两相电源线之间，一般按照控制电路、指示电路和照明电路的顺序依次垂直画在主电路图的右侧，且电路中与下边电源线相连的耗能元件（如接触器继电器的线圈、指示灯、照明灯等）要画在电路图的下方，而电器的触头要画在耗能元件与上边电源线之间。为读图方便，一般应按照自左至右、自上而下的排列来表示操作顺序。

（2）电气原理图中，各电器的触头位置都按电路未通电或电器未受外力作用时的常态位置画出。分析原理时，应从触头的常态位置出发。

（3）电气原理图中，不画各电器元件实际的外形图，而采用国家统一规定的电气图形符号画出。

（4）电气原理图中，同一电器的各元件不按它们的实际位置画在一起，而是按其在线路中所起的作用分画在不同电路中，但它们的动作是相互关联的，因此，必须标注相同的文字符号。若图中相同的电器较多时，需要在电器文字符号后面加注不同的数字，以示区别，如 KM1、KM2 等。

（5）画电气原理图时，应尽可能减少线条和避免线条交叉。对有直接电联系的交叉导线连接点，要用小黑圆点表示；无直接电联系的交叉导线则不画小黑圆点。

（6）电气原理图采用电路编号法，即对电路中的各个接点用字母或数字编号。

1）主电路在电源开关的出线端按相序依次编号为 U11、V11、W11。然后按从上至下从左至右的顺序，每经过一个电器元件后，编号要递增，如 U12、V12、W12；U13、V13、W13……单台三相交流电动机（或设备）的三根引出线按相序依次编号为 U、V、W。对于多台电动机引出线的编号，为了不致引起误解和混淆，可在字母前用不同的数字加以区别，如 1U、1V、1W；2U、2V、2W……

2）辅助电路编号按"等电位"原则从上至下、从左至右的顺序用数字依次编号，每经过一个电器元件后，编号要依次递增。控制电路编号的起始数字必须是 1，其他辅助电路编号的起始数字依次递增 100，如照明电路编号从 101 开始；指示电路编号从 201 开始等。

三、电器元件布置图

电器元件布置图表示电气原理图中各元器件的实际安装位置，按实际情况分别绘制如电气控制箱中的电器元件布置图、控制面板图等。电器元件布置图是控制设备生产及维护的技术文件，布置电器元件应注意下面几点：

（1）体积大和较重的元器件应安装在电器安装板的下方，发热元件应安装在电器装板的上方。

（2）电器元件的布置应考虑整齐、美观、对称。外形尺寸与结构类似、电路联系紧密的电器应安装在一起，以利于安装和配线。

（3）需经常维护检修、调整的电器元件安装位置不宜过高或过低。

（4）电器元件布置不宜过密，应留一定间距。如用走线槽，应加大各排电器间距，以利于布线和维修。

（5）强电、弱电应分开，弱电应有屏蔽措施，防止外界干扰。

（6）电器元件布置图根据电器元件的外形尺寸绘出，并标明各元件间距尺寸。控制盘内电器元件与盘外电器元件的连接应经过端子排，在电器元件布置图中应画出接线端子排，并按一定顺序标出接线号。

四、电气安装接线图

电气安装接线图是根据电气设备和电器元件的实际位置和安装情况绘制的，只用来表示电气设备和电器元件的位置、配线方式和接线方式，而不完全表示电气动作原理。其主要用于安装接线、线路的检查维修和故障处理。

绘制、识读电气安装接线图应遵循以下原则。

（1）接线图中一般示出如下内容：电气设备和电器元件的相对位置、文字符号、端子号、导线号、导线类型、导线截面积、屏蔽和导线绞合等。

（2）所有的电气设备和电器元件都按其所在的实际位置绘制在图纸上，且同一电器的各元件根据其实际结构，与电气原理图相同的图形符号画在一起，并用点划线框上；其文字符号以及接线端子的编号应与电路图中的标注一致，以便对照检查接线。

（3）接线图中的导线有单根导线、导线组（或线扎）、电缆等之分，可用连续线和中断线来表示。凡导线走向相同的可以合并，用线束来表示，到达接线端子板或电器元件的连接点时再分别画出。在用线束表示导线组、电缆等时可用加粗的线条表示，在不引起误解的情况下也可采用部分加粗。另外，导线及管子的型号、根数和规格应标注清楚。

五、电动机基本控制线路的安装步骤

电动机基本控制线路的安装，一般应按以下步骤进行：

（1）识读电气原理图，明确线路所用电器元件及其作用，熟悉线路的工作原理。

（2）根据电气原理图或元件明细表配齐电器元件，并进行检验。

（3）根据电器元件选配安装工具和控制面板。

（4）根据电气原理图绘制器元件布置图和安装接线图，然后按要求在控制板上固定电器元件（电动机除外），并贴上醒目的文字符号。

（5）根据电动机容量选配电路导线的截面。控制电路一般采用截面为 $1mm^2$ 的铜芯线（BVR）；按钮线一般采用截面为 $0.75mm^2$ 的铜芯线（BVR）；接地线一般采用截面不小于 $1.5mm^2$ 的铜芯线（BVR）。

（6）根据电器安装接线图布线，同时将剥去绝缘层的两端线套上标有与电气原理图相一致编号的编码套管。

（7）安装电动机。

（8）连接电动机和所有电器元件金属外壳的保护接地线。

（9）连接电源、电动机等控制板外部的导线。

（10）自检。

（11）校验。

（12）通电试车。

【知识扩展】

电气控制系统常用的保护环节

电气控制系统除了要能满足生产机械的加工工艺要求外，还应保证设备长期安全、可靠、无故障地运行，因此保护环节是所有电气控制系统不可缺少的组成部分，用来保护电动机、电网、电气控制设备以及人身安全等。

电气控制系统中常用的保护环节有短路保护、过电流保护、过载保护、零压保护、欠压保护及弱磁保护。一般的电气控制系统至少应具有短路保护、过载保护这两种或者以上的保护环节，否则，就不能称之为完整的电气控制系统。

一、短路保护

（1）短路保护原理。

电动机、电器元件以及导线的绝缘损坏或线路发生故障时，都可能造成短路事故。很大的短路电流和电动力可能使电器设备损坏。因此要求一旦发生短路故障时，控制电路应能迅速、可靠地切断电路进行保护，并且保护装置不应受启动电流的影响而误动作。

（2）常用的短路保护元件。

常用的短路保护元件主要有熔断器、自动开关等。

1）熔断器。熔断器价格便宜，断弧能力强，所以过去一般电路几乎无一例外地使用它作为短路保护。但是熔体的品质、老化及环境温度等因素对其动作值影响较大，用其保护电动机时，可能会因一相熔体熔断而造成电动机单相运行。因此，熔断器适用于动作准确度和自动化程度较差的系统中，如小容量的笼型电动机、普通交流电源等。

2）自动开关。自动开关又称自动空气断路器，它有短路、过载和欠压保护 3 种状态。这种开关在线路发生短路故障时，其电流线圈动作，就会自动跳闸，将三相电源同时切断。自动开关结构复杂，价格较贵，不宜频繁操作，现在广泛应用于工厂供配电系统和电气设备控制系统中。

（3）短路保护的动作过程。

短路保护是一种瞬时动作过程，当发生短路故障时，若短路保护元件为熔断器时，则熔体立即熔断；若短路保护元件为自动开关时，则自动开关立即跳闸。因为发生短路故障时产生的短路电流至少是负载额定电流的 7 倍以上，由此产生热效应和动效应对电器设备损坏严重，所以，短路保护元件应快速动作切断电源，才能起到保护作用。

二、过电流保护

（1）过电流保护原理。

电动机不正确地启动或负载转矩剧烈增加会引起电动机过电流运行。一般情况下，这种过电流比短路电流小，但比电动机额定电流却大得多，过电流的危害虽没有短路那么严重，但同样会造成电动机的损坏。

（2）常用的过电流保护元件。

常用的过电流保护元件是过电流继电器。根据线圈中电流的大小而动作的继电器称为电流继电器。这种继电器线圈的导线较粗，匝数较少，串联在电路中。触点的动作与否与线圈电流的大小直接有关，当线圈流过的电流超过某一整定值时，衔铁吸合，触点动作。起到过电流保护作用的电流继电器称为过电流继电器。

由于笼型电动机启动电流很大，如果要使启动时过电流保护元件不动作，其整定值就要大于其启动电流，那么一般的过电流就无法使之动作，所以过电流保护一般不用于笼型电动机而只用在直流电动机和绕线式异步电动机上。整定过电流动作值一般为启动电流的1.2 倍。

（3）过电流保护的动作过程。

过电流保护是利用瞬时动作的过电流继电器与交流接触器配合，其中过电流继电器作为测量元件，交流接触器作为执行元件，过电流继电器常闭触点串接在交流接触器线圈的控制电路中，当发生过电流故障时，电流继电器的触点立即动作，其常闭触点断开，交流接触器线圈失电，其主触点断开，从而切断了三相交流电源达到过电流保护作用。

三、过载保护

（1）过载保护原理。

电动机长期超载运行，电动机绕组温升将超过其允许值，造成绝缘材料变脆、寿命减少，严重时会使电动机损坏。过载电流越大，达到允许温升的时间就越短。

（2）常用的过载保护元件。

常用的过载保护元件是热继电器。热继电器可以满足如下要求：当电动机为额定电流时，电动机为额定温升，热继电器不动作；在过载电流较小时，热继电器要经过较长时间才动作；过载电流较大时，热继电器则经过较短时间就会动作。

（3）过载保护的动作过程。

过载保护是一种延时的间接保护，当过载电流流过电阻丝时，双金属片受热膨胀，因为两片金属的膨胀系数不同，所以就弯向膨胀系数较小的一面，利用这种弯曲的位移动作，切断热继电器的常闭触点，从而断开控制电路，使接触器线圈失电，接触器主触点断开，电动机便停止工作，起到了过载保护的作用。

由于热惯性的原因，热继电器不会受电动机短时过载冲击电流或短路电流的影响而瞬时动作，所以在使用热继电器作过载保护的同时，还必须设有短路保护，选作短路保护的熔断器熔体的额定电流不应超过 4 倍热继电器发热元件的额定电流。

必须强调指出，短路、过电流、过载保护虽然都是电流保护，但由于故障电流的动作值、保护特性和保护要求以及使用元件的不同，它们之间是不能相互取代的。

四、零电压和欠电压保护

（1）零电压和欠电压保护原理。

在电动机运行中，如果电源电压因某种原因消失，那么在电源电压恢复时，如果电动机自行启动，将可能使生产设备损坏，也可能造成人身事故。对供电系统的电网来说，同时有许多电动机及其他用电设备自行启动，也会引起不允许的过电流及瞬间网络电压下降。为防止电网失电后恢复供电时电动机自行启动的保护叫作零电压保护。

电动机正常运行时，电源电压过分地降低将引起一些电器无法正常工作，造成控制电路工作不正常，甚至产生事故。电网电压过低，如果电动机负载不变，由于三相异步电动机的电磁转矩与电压的二次方成正比，则会因电磁转矩的降低而带不动负载，造成电动机堵转停车，电动机电流增大使电动机发热，严重时烧坏电动机。因此，在电源电压降到允许值以下时，需要采用保护措施，及时切断电源，这就是欠电压保护。

（2）常用的零电压和欠电压保护元件通常是采用欠电压继电器，或通过设置专门的零电压继电器来实现。欠电压继电器是当继电器线圈电压不足于所规定的电压下限时，衔铁吸合，而当线圈电压很低时衔铁才释放，在电路中用于欠电压保护。

（3）零电压和欠电压保护的动作过程。

在主电路和控制电路由同一个电源供电时，具有电气自锁的接触器兼有欠电压和零电压保护作用。若因故障电网电压下降到允许值以下时，接触器线圈也释放，从而切断电动机电源；当电网电压恢复时，由于自锁已解除，电动机也不会再自行启动。

欠电压继电器的线圈直接跨接在定子的两相电源线上，其常开触点串接在控制电动机的接触器线圈控制电路中。自动开关的欠压脱扣也可作为欠压保护。主令控制器的零位操作是零电压保护的典型环节。

五、弱磁保护

（1）弱磁保护原理。

直流电动机在磁场有一定强度情况下才能启动。如果磁场太弱，电动机的启动电流就会很大；直流电动机正在运行时磁场突然减弱或消失，电动机转速就会迅速升高，甚至发生"飞车"，因此需要采取弱磁保护。

（2）常用的弱磁保护元件。

常用的弱磁保护是通过在电动机励磁回路串入欠电流继电器来实现的。欠电流继电器是当线圈电流降低到某一整定值时释放的继电器。

（3）弱磁保护的动作过程。

在电动机运行中，如果励磁电流消失或降低太多，欠电流继电器就会释放，其触点切断主回路接触器线圈控制电路，使电动机断电停车。

除了上述几种保护措施外，控制系统中还可能有其他各种保护，如联锁保护、行程保护、油压保护、温度保护等。只要在控制电路中串接上能反映这些参数的控制电器的常开触点或常闭触点，就可实现有关保护。

任务三　电气控制线路的设计及元件选择

【任务导入】

学习电动机电气控制线路，不仅应掌握继电器-接触器控制线路的典型环节，还应具备一般生产机械电气控制线路的分析能力和一般生产机械电气控制线路的设计能力。本任务介绍继电器-接触器电气控制线路的设计方法，包括电气控制线路设计的内容、一般程序、设计原则、设计方法和步骤，以及电气控制系统的安装、调试方法。

【知识预备】

一、电气控制线路设计的主要内容

电气控制线路设计的基本任务是根据控制要求，设计和编制设备制造和使用维修过程中所必需的图纸、资料，包括电气原理线路图、电器元件布置图、电气安装接线图、电气箱图及控制面板等，编制外购件目录、单台消耗清单、设备说明书等资料。

由此可见，电气控制线路的设计包括原理设计和工艺设计两部分，现以电力拖动控制系统为例说明两部分的设计内容。

1. 原理设计内容

（1）拟定电气设计任务书（技术条件）。

（2）确定电力拖动方案（电气传动形式）及控制方案。

（3）选择电动机，包括电动机的类型、电压等级、容量及转速，并选择具体型号。

（4）设计电气控制的原理框图，包括主电路、控制电路和辅助控制电路，确定各部分之间的关系，拟定各部分的技术要求。

（5）设计并绘制电气原理图，计算主要技术参数。

（6）选择电器元件，制定电机和电器元件明细表，以及装置易损件及备用件的清单。

（7）编写设计说明书。

2. 工艺设计内容

工艺设计的主要目的是便于组织电气控制装置的制造，实现电气原理设计所要求的各项技术指标，为今后的设备使用、维修提供必要的图纸资料。

工艺设计的主要内容包括：

（1）根据已设计完成的电气原理图及选定的电器元件，设计电气设备的总体配置，绘制电气控制系统的总装配图及总接线图。总装配图应反映出电动机、执行电器、电气箱各组件、操作台布置、电源及检测元件的分布状况和各部分之间的接线关系与连接方式，这一部分的设计资料供总体装配调试及日常维护使用。

（2）按照电气原理框图或划分的组件，对总原理图进行编号，绘制各组件原理电路图，列出各组件的元件目录表，并根据总图编号标出各组件的进出线号。

（3）根据各组件的原理电路及选定的元件目录表，设计各组件的装配图（包括电器元件的布置图和安装图）、接线图，图中主要反映各电器元件的安装方式和接线方式，这部分资料是各组件电路的装配和生产管理的依据。

（4）根据组件的安装要求，绘制零件图纸，并标明技术要求，这部分资料是机械加工和对外协作加工所必需的技术资料。

（5）设计电气箱，根据组件的尺寸及安装要求，确定电气箱结构与外形尺寸，设置安装支架，标明安装尺寸、安装方式、各组件的连接方式、通风散热及开门方式。在这一部分的设计中，应注意操作维护的方便与造型的美观。

（6）根据总原理图、总装配图及各组件原理图等资料进行汇总，分别列出外购件清单、标准件清单，以及主要材料消耗定额，这部分是生产管理和成本核算所必须具备的技术资料。

（7）编写使用说明书。

在实际设计过程中，根据生产机械设备的总体技术要求和电气系统的复杂程度，可对上述步骤作适当的调整及修正。

二、电气控制线路的设计

（一）电气控制线路设计的原则

一般说来，当生产机械的电力拖动方案和控制方案已经确定以后，即可着手进行电气控制线路的具体设计。对于不同的设计人员，由于其自身知识的广度、深度不同，导致所设计的电气控制线路的形式灵活多变。因此，若要设计出满足生产工艺要求的最合理的方案，就要求电气设计人员必需不断地扩展自己的知识面，开阔思路，总结经验。电气控制系统的设计一般应遵循以下原则。

1. 最大限度满足生产机械和工艺对电气控制系统的要求

电气控制系统是为整个生产机械设备及其工艺过程服务的。因此，在设计之前，首先要弄清楚生产机械设备需满足的生产工艺要求，对生产机械设备的整个工作情况作全面、细致的了解。同时深入现场调查研究，收集资料，并结合技术人员及现场操作人员的经验，以此作为设计电气控制线路的基础。

2. 在满足生产工艺要求的前提下，力求使控制线路简单、经济

（1）尽量选用标准电器元件，尽量减少电器元件的数量，尽量选用相同型号的电器元件以减少备用品的数量。

（2）尽量选用标准的、常用的或经过实践考验的典型环节或基本电气控制线路。

（3）尽量减少不必要的触点，以简化电气控制线路。在满足生产工艺要求的前提下使用的电器元件越少，电气控制线路中所涉及的触点的数量也越少，因而控制线路就越简单。同时还可以提高控制线路的工作可靠性，降低故障率。

减少触点数目的方法通常有下面几种：

1）合并同类触点。在图1-29中（a）、（b）实现的控制功能一致，但图1-29（b）比图1-29（a）少了一对触点。合并同类触点时应注意所用的触点的容量应大于两个线圈电流之和。

2）利用转换触点的方式。利用具有转换触点的中间继电器将两对触点合并成一对转换触点，如图1-30所示。

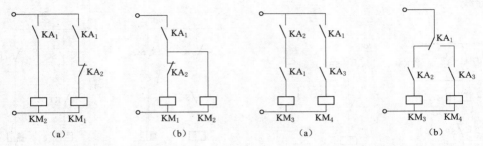

图1-29 同类触点合并　　　　图1-30 具有转换触点的中间继电器的应用

3）利用半导体二极管的单向导电性减少触点的数目。如图1-31所示，利用二极管的单向导电性可减少一个触点。这种方法只适用于控制电路所用电源为直流电源的场合，在使用中还要注意电源的极性。

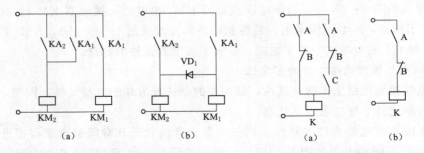

图1-31 利用二极管简化控制电路　　图1-32 利用逻辑代数减少触点

4）利用逻辑代数的方法来减少触点的数目。如图1-32（a）所示，图中含有的触点数目为5个，其逻辑表达式为

$$K = A\overline{B} + A\overline{B}C$$

经逻辑化简后，$K = A\overline{B}$，这样就可以将原图简化为只含有两个触点的电路，如图

1-32（b）所示。

（4）尽量缩短连接导线的数量和长度。在设计电气控制线路时，应根据实际环境情况，合理考虑并安排各种电气设备和电器元件的位置及实际连线，以保证各种电气设备和电器元件之间连接导线的数量最少，导线的长度最短。

如图1-33所示，仅从控制线路上分析，没有什么不同，但若考虑实际接线，图1-33（a）中的接线就不合理。因为按钮安装在操作台上，接触器安装在电气柜内，按图1-33的接法从电气柜到操作台需引4根导线。图1-33（b）中的接线合理，因为它将启动按钮和停止按钮直接相连，从而保证了两个按钮之间的距离最短，导线连接最短。此时，从电气柜到操作台只需引出3根导线。所以，一般都将启动按钮和停止按钮直接连接。

特别要注意，同一电器的不同触点在电气线路中应尽可能具有更多的公共连接线。这样，可减少导线段数和缩短导线长度，如图1-34所示。行程开关安装在生产机械上，继电器安装在电气柜内。图1-34（a）中用4根长导线连接，而图1-34（b）中只需用3根长导线。

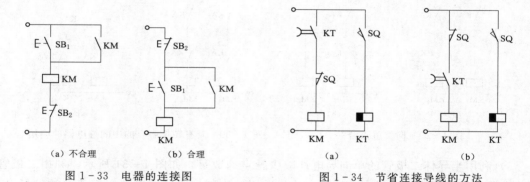

图1-33 电器的连接图   图1-34 节省连接导线的方法

（5）控制线路在工作时，除必要的电器元件必须通电外，其余的电器元件尽量不通电以节约电能。如图1-35（a）所示，在接触器 KM_2 得电后，接触器 KM_1 和时间继电器 KT 就失去了作用，不必继续通电。若控制线路部分改成图1-35（b），KM_2 得电后，切断了 KM_1 和 KT 的电源，节约了电能，延长了该电器元件的寿命。

3. 保证电气控制线路工作的可靠性

保证电气控制线路工作的可靠性，最主要的是选择可靠的电器元件。同时，在具体的电气控制线路设计上要注意以下几点：

（1）正确连接电器元件的触点。同一电器元件的常开和常闭触点靠得很近，如果分别接在电源的不同相上，如图1-36（a）所示的限位开关 SQ 的常开和常闭触点，常开触点接在电源的一相，常闭触点接在电源的另一相，当触点断开产生电弧时，可能在两触点间形成飞弧造成电源短路。如果改成图1-36（b）的形式，由于两触点间的电位相同，则不会造成电源短路。因此，在控制线路设计时，应使分布在线路不同位置的同一电器触点尽量接到同一个极或尽量共接同一等电位点，以避免在电器触点上引起短路。

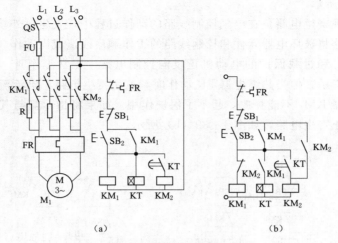

（a）　　　　　　　　　（b）

图 1－35　减少通电电器的线路

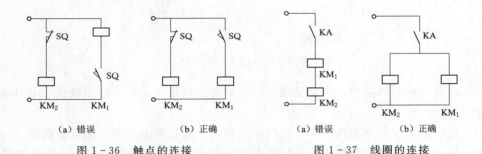

（a）错误　　　（b）正确　　　　　　（a）错误　　　（b）正确

图 1－36　触点的连接　　　　图 1－37　线圈的连接

（2）正确连接电器的线圈。

1）在交流控制线路中，即使外加电压是两个线圈额定电压之和，也不允许两个电器元件的线圈串联，如图 1－37（a）所示。这是因为每个线圈上所分配到的电压与线圈的阻抗成正比，而两个电器元件的动作总是有先有后，不可能同时动作。若接触器 KM₁ 先吸合，则线圈的电感显著增加，其阻抗比未吸合的接触器 KM₂ 的阻抗大，因而在该线圈上的电压降增大，使 KM₂ 的线圈电压达不到动作电压，此时，KM₁ 线圈电流增大，有可能将线圈烧毁。因此，若需要两个电器元件同时工作，其线圈应并联连接，如图 1－37（b）所示。

2）两电感量相差悬殊的直流电压线圈不能直接并联，如图 1－38（a）所示。YA为电感量较大的电磁铁线圈，KA 为电感量较小的继电器线圈，当 KM 触点断开时，由于电磁铁 YA 线圈电感量较大，产生的感应电势加在电压继电器 KA 的线圈上，流经 KA 线圈上的电流有可能达到其动作值，从而使继电器 KA 重新吸合，过一段时间 KA 又释放。这种情况显然是不允许的。因此，应在 KA 的线圈电路中单独串接 KM 的常开触点，

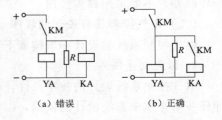

（a）错误　　（b）正确

图 1－38　电磁铁与继电器线圈的连接

如图 1－38（b）所示。

（3）避免出现寄生电路。在电气控制线路的动作过程中，发生意外接通的电路称为寄生电路。寄生电路将破坏电器元件和控制线路的工作顺序或造成误动作。1－39（a）所示是一个具有指示灯和过载保护的电动机正反向控制电路。正常工作时，能完成正反向启动、停止和信号指示。但当热继电器 FR 动作时，产生寄生电路，电流流向如图中虚线所示，使正向接触器 KM_1 不能释放，起不了保护作用。如果将指示灯与其相应的接触器线圈并联，则可防止寄生电路，如图 1－39（b）所示。

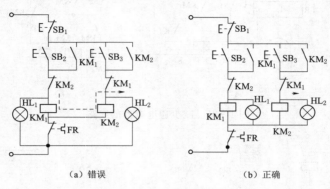

（a）错误　　　　　　　　　（b）正确

图 1－39　防止寄生电路

（4）在电气控制线路中，应尽量避免许多电器元件依次动作才能接通另一个电器元件的现象。

（5）在频繁操作的可逆线路中，正反向接触器之间要有电气联锁和机械联锁。

（6）设计的电气控制线路应能适应所在电网的情况，并据此来决定电动机的启动方式是直接启动还是间接启动。

（7）在设计电气控制线路时，应充分考虑继电器触点的接通和分断能力。若要增加接通能力，可用多触点并联；若要增加分断能力，可用多触点串联。

4．应力求使操作、维护、检修方便

电气控制线路对电气控制设备而言应力求维修方便，使用简单。因此，在具体进行电气控制线路的安装与配线时，电器元件应留有备用触点，必要时留有备用元件；为检修方便，应设置电气隔离，避免带电检修；为调试方便，控制方式应操作简单，能迅速实现从一种控制方式到另一种控制方式的转换，如从自动控制转换到手动控制等；设置多点控制，便于在生产机械旁进行调试；操作回路较多时，如要求正反向运转并调速，应采用主令控制器，不要采用许多按钮。

（二）电气控制线路设计的程序

电气控制系统的设计一般按如下程序进行。

1．拟定设计任务书

电气控制系统设计的技术条件，通常是以电气设计任务书的形式加以表达的，电气设计任务书是整个系统设计的依据，拟定电气设计任务书，应聚集电气、机械工艺、机械结构三方面的设计人员，根据所设计的机械设备的总体技术要求，共同商讨，拟定认可。在电气设计任务书中，应简要说明所设计的机械设备的型号、用途、工艺过程、技术性能、传动要求、工作条件、使用环境等。除此之外，还应说明以下技术指标及要求：

（1）控制精度，生产效率要求。

（2）有关电力拖动的基本特性，如电动机的数量、用途、负载特性、调速范围以及对反向、启动和制动的要求等。

（3）用户供电系统的电源种类、电压等级、频率及容量等要求。

（4）有关电气控制的特性，如自动控制的电气保护、联锁条件、动作程序等。

（5）其他要求，如主要电气设备的布置草图、照明、信号指示、报警方式等。

（6）目标成本及经费限额。

（7）验收标准及方式。

2. 电力拖动方案与控制方式的选择

电力拖动方案的选择是以后各部分设计内容的基础和先决条件。电力拖动方案是指根据生产工艺要求、生产机械的结构、运动部件的数量、运动要求、负载特性、调速要求及投资额等条件，来确定电动机的类型、数量、拖动方式，并拟定电动机的启动、运行、调速、转向、制动等控制要求，作为电气控制原理图设计及电器元件选择的依据。

3. 电动机的选择

根据已选择的拖动方案，就可以进一步选择电动机的类型、数量、结构形式，以及容量、额定电压、额定转速等。

电动机选择的基本原则如下：

（1）电动机的机械特性应满足生产机械提出的要求，要与负载特性相适应，以保证生产过程中的运行稳定性并具有一定的调速范围与良好的启动、制动性能。

（2）电动机的结构形式应满足机械设计提出的安装要求，并适应周围环境的工作条件。

（3）根据电动机的负载和工作方式，正确选择电动机的容量。选择电动机的容量时可以按以下 4 种类型进行。

1）对于恒定负载长期工作制的电动机，其容量的选择应保证电动机的额定功率不小于负载所需要的功率。

2）对于变动负载长期工作制的电动机，其容量的选择应保证当负载变到最大时，电动机仍能给出所需要的功率，同时电动机的温升不超过允许值。

3）对于短时工作制的电动机，其容量的选择应按照电动机的过载能力来选择。

4）对于重复短时工作制的电动机，其容量的选择原则上可按照电动机在一个工作循环内的平均功耗来选择。

（4）电动机电压的选择应根据使用地点的电源电压来决定，常用为 380V、220V。

（5）在没有特殊要求的场合，一般均采用交流电动机。

4. 电气控制方案的确定

在几种电路结构及控制形式均可以达到同样的控制技术指标的情况下，到底选择哪两种控制方案，往往要综合考虑各个控制方案的性能、设备投资、使用周期、维护检修、发展等因素。

选择电气控制方案的主要原则如下：

（1）自动化程度与国情相适应。根据现代科学技术的发展，电气控制方案尽可能选用最新科学技术，同时又要与企业自身的经济实力及各方面的人才素质相适应。

（2）控制方式应与设备的通用及专用化相适应。对于工作程序固定的专用机械设备使用中并不需要改变原有程序，可采用继电器-接触器控制系统，控制线路在结构上连接成"固定"式的；对于要求较复杂的控制对象或者要求经常变换工序和加工对象的机械设备，可以采用可编程序控制器控制系统。

（3）控制方式随控制过程的复杂程度而变化。在生产机械控制自动化中，随控制要求及控制过程的复杂程度不同，可以采用分散控制或集中控制的方案，但是各台单机的控制方式和基本控制环节则应尽量一致，以便简化设计和制造过程。

（4）控制系统的工作方式应在经济、安全的前提下，最大限度地满足工艺要求。此外，控制方案的选择，还应考虑采用自动、半自动循环，工序变更、联锁、安全保护、故障诊断、信号指示、照明等。

5. 设计电气控制原理图

设计电气控制原理线路图，并合理选择元器件，编制元器件目录清单。

6. 设计电气设备的施工图

设计电气设备制造安装、调试所必需的各种施工图纸，并以此为依据编制各种材料的定额清单。

7. 编写说明书（略）

三、常用电器元件的选择

电气控制系统的电路设计完成之后，就应着手进行有关电器元件的选择。一个大型的自动控制系统常由成百上千个元件组成，若其中某一个元件失灵，就会影响整个控制系统的正常工作，或出现故障，或使生产停产。因此，正确、合理地选用控制电器，是控制电路安全、可靠工作的重要保证。电器元件选择的基本原则如下：

（1）按对电器元件的功能要求确定电器元件的类型。

（2）确定电器元件承载能力的临界值及使用寿命。根据电器控制的电压、电流及功率的大小确定电器元件的规格。

（3）确定电器元件预期的工作环境及供应情况，如防油、防尘、防水、防爆及货源情况。

（4）根据电器元件在应用中所要求的可靠性进行选择。

（5）确定电器元件的使用类别。

使用低压电器常用类别及其代号见表 1-10。

表 1-10　　　　　　　常用低压电器使用类别及其代号

电流种类	使用类别代号	典型用途举例	有关产品
AC	AC-1	无感或低感负载、电阻炉	低压接触器和电动机启动器
	AC-2	绕线式感应电动机的启动、分断	
	AC-3	鼠笼式感应电动机的启动、运转中分断	
	AC-4	鼠笼式感应电动机的启动、反接制动或反向运转、点动	

续表

电流种类	使用类别代号	典 型 用 途 举 例	有关产品
AC	AC－5a	放电灯的通断	低压接触器和电动机启动器
	AC－5b	白炽灯的通断	
	AC－6a	变压器的通断	
	AC－6b	电容器组的通断	
	AC－7a	家用电器和类似用途的低感负载	
	AC－7b	家用的电动机负载	
AC	AC－8a	具有手动复位过载脱扣器的密封制冷压缩机中的电动机控制	低压接触器和电动机启动器
	AC－8b	具有自动复位过载脱扣器的密封制冷压缩机中的电动机控制	
	AC－12	控制电阻负载和光耦合器隔离的固态负载	控制电路电器和开关元件
	AC－13	控制变压器隔离的固态负载	
	AC－14	控制小容量电磁铁负载	
	AC－15	控制交流电磁铁负载	
AC	AC－20	空载条件下闭合和断开电路	低压开关、隔离器、隔离开关及熔断器组合电器
	AC－21	通断电阻负载，包括通断适中的过载	
	AC－22	通断电阻电感混合负载，包括通断适中的过载	
	AC－23	通断电动机负载或其他高电感负载	
AC 和 DC	A	无额定短时耐受电流要求的电路保护	低压断路器
	B	具有额定短时耐受电流要求的电路保护	
DC	DC－1	无感或低感负载，电阻炉	低压接触器
	DC－3	并激电动机的启动、反接制动或反向运转、点动，电动机在动态中分断	
	DC－5	串激电动机的启动、反接制动或反向运转、点动，电动机在动态中分断	
	DC－6	白炽灯的通断	
DC	DC－12	控制电阻负载和光耦合器隔离的固态负载	控制电路电器及开关元件
	DC－13	控制直流电磁铁	
	DC－14	控制电路中有经济电阻的直流电磁铁负载	
	DC－20	空载条件下闭合和断开电路	低压开关、隔离器、隔离开关及熔断器组合电器
	DC－21	通断电阻负载，包括通断适中的过载	
	DC－22	通断电阻电感混合负载，包括通断适中的过载（例如并激电动机）	
	DC－23	通断高电感负载（例如串激电动机）	

（一）按钮、开关类电器的选择

1. 按钮

按钮主要根据所需要的触点数、使用场合、颜色标注以及额定电压、额定电流进行选择按钮颜色及其含义。

（1）"停止"和"断电"按必须是红色。当按下红色按钮时，必须使设备停止工作或断电。

（2）"启动"按钮的颜色是绿色。

（3）"启动"与"停止"交替动作的按钮必须是黑色、白色或灰色，不得用红色和绿色。

（4）"点动"按钮必须是黑色。

（5）"复位"按钮（如保护继电器的复位按钮）必须是蓝色。当复位按钮还有停止的作用时，则必须是红色。

按钮颜色的含义及应用见表1-11。

表 1-11　　　　　　　　　　　按钮的颜色、含义及应用

颜色	含　义	典　型　应　用
红	处理事故	紧急停机；扑灭燃烧
	"停止"或"断电"	正常停机； 停止一台或多台的电动机； 装置的局部停机； 切断一个开关； 带有"停止"或"断电"功能的复位
黄	参与	防止意外情况； 参与抑制反常的状态； 避免不需要的变化（事故）
绿	"启动"或"通电"	"启动"或"通电"正常启动； 启动一台或多台的电动机； 装置的局部启动； 接通一个开关装置（投入运行）
蓝	红、黄、绿三种颜色未包括的任何特定用意	凡红、黄和绿色未包含的用意，皆可采用蓝色
黑、灰、白	无特定用意	除单功能的"停止"或"断电"按钮外的任何功能

2.行程开关

行程开关的选择主要根据机械设备运动方式与安装位置，如挡铁的形状、工作速度、工作力、工作行程、触点数量，以及额定电压、额定电流。

3.万能转换开关

万能转换开关根据控制对象的接线方式、触点形式与数量、动作顺序和额定电压、额定电流等参数进行选择。

4.电源引入开关的选择

机械设备引人电源的控制开关常选用刀开关与铁壳开关、组合开关和断路器等。

（1）刀开关与铁壳开关的选用。

刀开关与铁壳开关适用于接通或断开有电压而无负载电流的电路，用于不频繁接通与断开，且长期工作的机械设备的电源引入。根据电源种类、电压等级、电动机的容量及控制的极数进行选择。用于照明电路时，刀开关或铁壳开关的额定电压、额定电流应不小于

电路最大工作电压与工作电流。用于电动机的直接启动时，刀开关与铁壳开关的额定电压为 380V 或 500V、额定电流不小于电动机额定电流的 3 倍。

（2）组合开关的选用。

组合开关主要用于电源的引入。根据电流种类、电压等级、所需触点数量及电动机容量进行选择。当用于控制 7kW 以下电动机的启动、停止时，组合开关的额定电流应等于电动机额定电流的 3 倍。若不直接用于启动、停止时，其额定电流只需稍大于电动机的额定电流即可。

（3）断路器的选用。

断路器的选用包括正确选用开关的类型、容量等级和保护方式。在选用之前，必须对被保护对象的容量、使用条件及要求进行详细调查，通过必要的计算后，再对照产品使用说明书的数据进行选用。

1）断路器的额定电压和额定电流应不小于电路的正常工作电压和工作电流。

2）热脱扣器的整定电流应与所控制的电动机的额定电流或负载额定电流一致。

3）电磁脱扣器的瞬时脱扣整定电流应大于负载电路正常工作时的峰值电流。对于电动机来说，断路器电磁脱扣器的瞬时脱扣整定电流值 I 可按下式计算

$$I \geqslant K \cdot I_{ST}$$

式中　K——安全系数，可取 $K = 1.7$；

　　I_{ST}——电动机的启动电流。

（二）熔断器的选择

选择熔断器，首先应确定熔体的额定电流，其次根据熔体的规格选择熔断器的规格，最后根据被保护电路的性质，选择熔断器的类型。

1. 熔体额定电流的选择

熔体的额定电流与负载性质有关。

（1）负载较平稳，无尖峰电流，如照明电路、信号电路、电阻炉电路等。

$$I_{FUN} \geqslant I$$

式中　I_{FUN}——熔体额定电流；

　　I——负载额定电流。

（2）负载出现尖峰电流。如笼型异步电动机的启动电流为 4～7 倍 I_{ed}（I_{ed} 为电动机额定电流）。

单台不频繁启动、停机，且长期工作的电动机：

$$I_{FUN} = (1.5 \sim 2.5) I_{ed}$$

单台频繁启动、长期工作的电动机：

$$I_{FUN} = (3 \sim 3.5) I_{ed}$$

多台长期工作的电动机共用熔断器：

$$I_{FUN} \geqslant (1.52.5) I_{emax} + \sum I_{ed}$$

或　　　　　　　　　　$$I_{FUN} \geqslant I_m / 2.5$$

式中　I_{emax}——容量最大的一台电动机的额定电流；

　　$\sum I_{ed}$——其余电动机的额定电流之和；

I_m——电路中可能出现的最大电流。

当几台电动机不同时启动时，电路中的最大电流：

$$I_m = 7I_{emax} + \sum I_{ed}$$

（3）采用降压方法启动的电动机：

$$I_{FUN} \geq I_{ed}$$

2. 熔断器规格的选择

熔断器的额定电压必须大于电路工作电压，额定电流必须不小于所装熔体的额定电流。

3. 熔断器类型的选择

熔断器的类型应根据负载保护特性的短路电流大小及安装条件来选择。

（三）交流接触器的选择

接触器分交流与直流两种。应用最多的是交流接触器。选择时主要考虑主触点的额定电压与额定电流、辅助触点的数量、吸引线圈的电压等级、使用类别、操作频率等。选择交流接触器，其主触点的额定电流应不小于负载或电动机的额定电流。

1. 额定电压与额定电流

主要考虑接触器主触点的额定电压与额定电流。

$$U_{KMN} \geq U_{CN}$$

$$I_{KMN} \geq I_N = \frac{P_{MN} \times 10^3}{K U_{MN}}$$

式中　U_{KMN}——接触器的额定电压；

　　　U_{CN}——负载的额定线电压；

　　　I_{KMN}——接触器的额定电流；

　　　I_N——接触器主触点电流；

　　　P_{MN}——电动机功率；

　　　U_{MN}——电动机额定线电压；

　　　K——经验常数，$K = 1 \sim 1.4$。

按照接触器的工作制、安装及散热条件的不同，其额定电流使用值也不同。接触器触点通电持续率不小于40%时，额定电流值可降低10%～20%使用；接触器安装在控制柜内，其冷却条件较差时，额定电流应降低10%～20%使用；接触器在重复短时工作制，且通电持续率不超过40%时，其允许的负载额定电流可提高10%～25%；若接触器安装在控制柜内，允许的负载额定电流仅提高5%～10%。

2. 吸引线圈的电流种类及额定电压

对于频繁动作的场合，宜选用直流励磁方式，一般情况下采用交流控制。线圈额定电压应根据控制电路的复杂程度，维修、安全要求，设备所采用的控制电压等级来综合考虑。此外，有时还应考虑车间乃至全厂所使用控制电路的电压等级，以确定线圈额定电压。

3. 其他方面

（1）考虑辅助触点的额定电流、种类和数量。

（2）根据使用环境选择有关系列接触器或特殊用的接触器。

（3）随着电子技术的发展，计算机、微机、PLC 的应用，在控制电路中，有时电器的固有动作时间应加以考虑。除此之外，还应考虑电器的使用寿命和操作频率。

（四）继电器的选择

1. 电磁式通用继电器

选用时首先考虑的是交流类型或直流类型，而后根据控制电路的需要，确定采用电压继电器还是电流继电器，或是中间继电器。作为保护用时，应考虑是过电压（或过电流）、欠电压（或欠电流）继电器的动作值和释放值，中间继电器触点的类型和数量，以及选择励磁线圈的额定电压或额定电流值。

2. 时间继电器

根据时间继电器的延时方式、延时精度、延时范围、触点形式及数量、工作环境等因素确定采用何种形式的时间继电器，然后再选择线圈的额定电压。

3. 热继电器

热继电器结构形式的选择主要决定于电动机绕组接法及是否要求断相保护。

热继电器热元件的整定电流可按下式选取：

$$I_{FUN} = (0.95 \sim 1.05) I_{ed}$$

式中　I_{FUN}——热元件整定电流。

对于工作环境恶劣、启动频繁的电动机则按下式选取：

$$I_{FUN} = (1.15 \sim 1.5) I_{ed}$$

对于过载能力较差的电动机，热元件的整定电流为电动机额定电流的 $60\% \sim 80\%$。

对于重复短时工作制的电动机，其过载保护不宜选用热继电器，而应选用温度继电器。

4. 速度继电器

根据机械设备的安装情况及额定工作转速，选择合适的速度继电器型号。

电气控制电路的分析与安装

【项目内容】

本项目通过对几种典型基本电气控制电路的分析与调试，使读者掌握基本电气控制电路的工作原理，学会分析电气控制系统的方法，提高读图能力，能利用基本电气控制电路初步设计电气控制系统并正确安装、调试，为按照生产设备工艺要求设计电气控制系统打下一定基础。

【知识目标】

1. 掌握基本电气控制电路的工作原理。
2. 掌握电气控制电路的调试方法。

【能力目标】

1. 能分析电气控制线路的控制过程。
2. 能设计简单的电气原理图。
3. 能识读简单的电气控制系统图。

任务一　电动机直接启动控制电路的分析与安装

【任务导入】

工厂的各种生产机械，大都以电动机为动力来进行拖动，继电器-接触器控制是最常见的控制方式，称为电气控制。

电气控制线路是将各种有触点的继电器、接触器、按钮、行程开关等电器元件，按一定方式连接起来组成的控制线路。其作用是实现对电力拖动系统的启动、正反转、多地、顺序控制等运行性能的控制，实现对拖动系统的保护，满足生产工艺的要求，实现生产加工自动化。

任何复杂的电气设备或系统都是由基本控制线路组成的。本任务介绍电动机直接启动控制电路，由浅入深、由易到难，逐步掌握电气控制线路的分析阅读方法。

【任务实施】

一、电路原理图

三相异步电动机直接启动电路原理如图 2-1 所示。

二、安装接线

要求完成主电路、控制电路的安装布线，按要求进行线槽布线，导线必须沿线槽内布线，接线端加编码套管，线槽出线应整齐美观，线路连接应符合工艺要求，不损坏电器元件，安装前应对元器件检查，安装工艺符合相关行业标准。

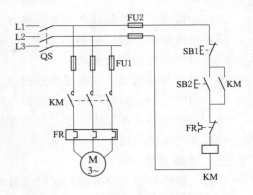

图 2-1　三相异步电动机直接启动
电路原理图

1. 安装线路步骤

（1）看图。认真阅读电路原理图，在明确实训要达到的技能目标，充分地搞清了控制线路的工作原理后，方可进行下一步的实训。

（2）选元件。按照图 2-1 所示的电路原理图配齐所需元件，将元件型号规格质量检查情况记录在表 2-1 中。

表 2-1　　三相笼型异步电动机直接启动控制电路实训所需元件清单

元件名称	型号	规格	数量	是否可用

（3）判断元件性能。动手固定元器件前首先判断元器件的好坏，有损坏的应提出来，要求老师给予更换。

（4）按图 2-2 固定元件。基本上按照主电路元件的先后次序进行元件的布局，兼顾横平、竖直、排列美观，并将其固定在电动机控制线路安装模拟接线板上。

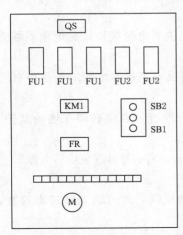

图 2-2　三相异步电动机直接
启动元件布置图

（5）先给电气原理编号，然后按图接线。在电动机控制线路安装模拟接线板上分别安装三相异步电动机直接启动的主电路和控制电路。接线时注意接线方法和工艺，各接点要牢固、接触良好，同时，要注意安全文明操作，保护好各电器元件。

2. 板前布线工艺要求

（1）布线通道尽可能少，同路并行导线按主电路、控制电路分类集中，单层密排，紧贴安装面布线。

（2）布线要横平竖直，分布均匀。变换走向时应垂直。

（3）同一平面的导线应高低一致或前后一致，不能交叉。非交叉不可时，此根导线应在接线端子引出时就水平架空跨越，但必须走线合理。

（4）布线时严禁损伤线芯和导线绝缘。

（5）布线顺序一般以接触器为中心，由里向外，由低到高，先控制电路后主电路进行，以不妨碍后续布线为原则。

（6）导线与接线端子或接线桩连接时，不得压绝缘层、不反圈、不露铜过长。

（7）同一元件、同一回路的不同接点的导线间距离应保持一致。

（8）一个电器元件接线端子上的连接导线不得多于两根，每节接线端子板上的连接导线一般只允许连接一根。

三、检测线路

安装完毕的控制电路板必须经过认真检查以后，才允许通电试车，以防止错接、漏接造成不能正常运转或短路事故。

1. 主电路检测

万用表检测主电路。即用万用表的欧姆挡 R×100 或 R×1k 测量 L1－U、L2－V、L3－W 在交流接触器 KM1 模拟动作时的电阻，用螺丝刀将接触器的触点系统按下，测得线路电阻为 0，证明该线路通路，否则说明该线路不通。

2. 控制电路检测

控制电路用万用表的欧姆挡 R×100 或 R×1k 测量两个控制保险的出线端子电阻。

（1）按下启动按钮 SB1，若所测电阻为接触器的线圈电阻则说明接线正确，否则错误；再按下停止按钮 SB1，若所测电阻为无穷大说明接线正确，否则错误。

（2）用螺丝刀将接触器的触点系统按下，进行接触器模拟动作，若所测电阻为接触器的线圈电阻则说明接线正确，否则错误。

四、通电试车

空载试车：线路经自检无误后，安装好熔断器，注意主电路熔断器装 10A 的熔体，控制电路熔断器装 2A 的熔体，并经万用表检测安装到位无误，接好电源线，请老师过来检查，经老师下令后，才允许不带负载通电试车。具体操作如下：

（1）将实训台上的三相电源送上，即合上三相低压断路器。

（2）合上刀开关。

（3）用试电笔检验 5 个熔断器出线端是否有电，气管亮说明电源接通，有电往下继续操作，无电则断开三相电源检查熔断器。

（4）按下启动按钮 SB1，观察接触器是否动作，是则用试电笔检验出线端子是否有三相电源，否则断开三相电源重新检查线路。

（5）出现故障后，学生应独立进行检修；若需带电进行检查，老师必须在现场监护。检修完毕后，如需再次试车，也应有老师监护，并做好记录。

（6）按下停止按钮 SB2，电动机停止，观察电动机是否停止，若有异常现象应马上停车。

（7）切断电源，先拆除三相电源线，再拆除电动机线。

负载试车：空载试车成功后，断开三相电源，接好电动机线，才可请老师过来检查，经老师下令后，才允许带负载通电试车。具体操作如下：

1）将实训台上的三相电源送上，即合上三相低压断路器。

2）合上刀开关。

3）按下启动按钮 SB1，观察接触器的动作，看电动机是否旋转。

4）按下停止按钮 SB2，观察电动机的旋转方向是否正确，从电动机轴的位置看应是顺时针方向（正转）。

五、注意事项

（1）电动机及按钮的金属外壳必须可靠接地。接电动机的导线必须穿在导线通道内以保护，或采用坚韧的四芯橡皮线或塑料护套线，进行临时通电校验。

（2）电源进线应接在螺旋式熔断器的下接线座上，出线端则应接在上接线座上。

（3）按钮内接线时，用力不可过猛，以防螺钉打滑。

（4）热继电器的整定电流应按电动机规格进行调整。

（5）训练应在规定定额时间内完成。训练结束后，安装的控制板留用。

（6）通电调试过程中，如果发现故障，应立即断电并进行检查，检查应先从电气原理图入手，根据故障现象，分析故障原因，缩小故障点，再进行排查。检查完后要再次请老师复检后方可通电。

六、设置故障

教师人为设置故障通电运行，同学们观察故障现象，并记录在表 2－2 中。

表 2－2　　　　　电动机直接启动控制电路故障设置情况统计表

故障设置元件	故障点	故障现象

任务二　电动机正反转控制电路的分析与安装

【任务导入】

本任务介绍电动机正反转控制电路。

【任务实施】

一、电路原理图

三相异步电动机正反转电路原理如图 2－3 所示。

二、安装线路

要求完成主电路、控制电路的安装布线，按要求进行线槽布线，导线必须沿线槽内布线，接线端加编码套管，线槽出线应整齐美观，线路连接应符合工艺要求，不损坏电器元件，安装前应对

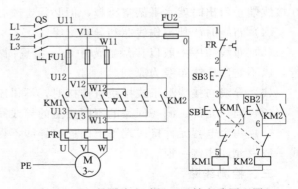

图 2－3　三相异步电动机正反转电路原理图

元件检查，安装工艺符合相关行业标准。

1. 安装线路步骤

（1）看图。认真阅读电路原理图，在明确实训要达到的技能目标，充分地搞清了控制线路的工作原理后，方可进行下一步的实训。

（2）选元件。按照图2-3所示的电路原理图配齐所需元件，将元件型号规格质量检查情况记录在表2-3中。

表2-3　　　　　三相笼型异步电动机正反转控制电路实训所需元件清单

元件名称	型号	规格	数量	是否可用

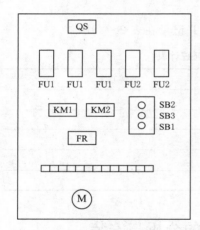

图2-4　三相异步电动机正反转控制元件布置图

（3）判断元件性能。动手固定元件前首先判断元件的好坏，有损坏的应提出来，要求老师给予更换。

（4）按图2-4固定元件。基本上按照主电路元件的先后次序进行元件的布局，兼顾横平、竖直、排列美观，并将其固定在电动机控制线路安装模拟接线板上。

（5）先给电气原理编号，然后按图接线。在电动机控制线路安装模拟接线板上分别安装三相异步电动机正反转控制的主电路和控制电路。接线时注意接线方法和工艺，各接点要牢固、接触良好，同时，要注意安全文明操作，保护好各电器元件。

2. 板前布线工艺要求

（1）布线通道尽可能少，同路并行导线按主电路、控制电路分类集中，单层密排，紧贴安装面布线。

（2）布线要横平竖直，分布均匀。变换走向时应垂直。

（3）同一平面的导线应高低一致或前后一致，不能交叉。非交叉不可时，此根导线应在接线端子引出时就水平架空跨越，但必须走线合理。

（4）布线时严禁损伤线芯和导线绝缘。

（5）布线顺序一般以接触器为中心，由里向外，由低到高，先控制电路后主电路进行，以不妨碍后续布线为原则。

（6）导线与接线端子或接线桩连接时，不得压绝缘层、不反圈、不露铜过长。

（7）同一元件、同一回路的不同接点的导线间距离应保持一致。

（8）一个电器元件接线端子上的连接导线不得多于两根，每节接线端子板上的连接导线一般只允许连接一根。

三、检测线路

安装完毕的控制电路板必须经过认真检查以后，才允许通电试车，以防止错接、漏接造成不能正常运转或短路事故。

1. 主电路检测

万用表检测主电路。将万用表两表笔接在 FU1 输入端至电动机星形联结中性点之间，分别测量 U 相、V 相、W 相在接触器不动作时的直流电阻，读数应为"∞"；用螺丝刀将接触器的触点系统按下，再次测量三相的直流电阻，读数应为每相定子绕组的直流电阻。根据所测数据判断主电路是否正常。

2. 控制电路检测

万用表检测控制电路。将万用表两表笔分别搭在 FU2 两输入端，读数应为"∞"。

（1）按下启动按钮 SB1 时，读数应为接触器线圈的支流电阻。根据所测数据判断控制电路是否正常。

（2）按下启动按钮 SB2 时，读数应为接触器线圈的支流电阻。根据所测数据判断控制电路是否正常。

（3）用螺丝刀将接触器 KM1 的触点系统按下，读数应为接触器线圈的支流电阻。根据所测数据判断控制电路是否正常。

（4）用螺丝刀将接触器 KM2 的触点系统按下，读数应为接触器线圈的支流电阻。根据所测数据判断控制电路是否正常。

四、通电试车

通电试车必须征得老师同意，并由老师接通三相电源，同时在现场监护。

（1）合上电源开关 QS，用试电笔检查容断器出线端，氖管亮说明电源接通。

（2）按下 SB1，电动机启动连续正转，观察电动机运行是否正常，若有异常现象应马上停车。

（3）按下 SB2，电动机启动连续反转，观察电动机运行是否正常，若有异常现象应马上停车。

（4）出现故障后，学生应独立进行检修；若需带电进行检查，老师必须在现场监护。检修完毕后，如需再次试车，也应有老师监护，并做好记录。

（5）按下 SB3，电动机停止，观察电动机是否停止，若有异常现象应马上停车。

（6）切断电源，先拆除三相电源线，再拆除电动机线。

五、设置故障

老师人为设置故障通电运行，同学们观察故障现象，并记录在表 2－4 中。

表 2－4　　　　　　　　电动机正反转控制电路故障设置情况统计表

故障设置元件	故障点	故障现象

任务三　电动机多地控制电路的分析与安装

【任务导入】

本任务介绍电动机多地控制电路。

【任务实施】

一、电路原理图

三相异步电动机两地控制电路原理如图 2-5 所示。

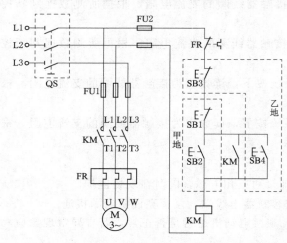

图 2-5　三相异步电动机两地控制电路原理图

二、安装线路

要求完成主电路、控制电路的安装布线，按要求进行线槽布线，导线必须沿线槽内布线，接线端加编码套管，线槽出线应整齐美观，线路连接应符合工艺要求，不损坏电器元件，安装前应对元器件检查，安装工艺符合相关行业标准。

1. 安装线路步骤

（1）看图。认真阅读电路原理图，在明确实训要达到的技能目标，充分地搞清了控制线路的工作原理后，方可进行下一步的实训。

（2）选元件。按照图 2-5 所示的电路原理图配齐所需元件，将元件型号规格质量检查情况记录在表 2-5 中。

（3）判断元件性能。动手固定元件前首先判断元件的好坏，有损坏的应提出来，要求老师给予更换。

表 2-5　　　　三相笼型异步电动机两地控制电路实训所需元件清单

元件名称	型号	规格	数量	是否可用

（4）按图 2-6 固定元件。基本上按照主电路元件的先后次序进行元件的布局，兼顾横平、竖直、排列美观，并将其固定在电动机控制线路安装模拟接线板上。两地控制是在两个不同的地点分别安装控制电路，多地控制可以在多个不同地点安装控制电路，共同控制同一个主电路。

（5）先给电气原理编号，然后按图接线。在电动机控制线路安装模拟接线板上分别安装三相异步电动机两地控制的主电路和控制电路。接线时注意接线方法和工艺，各接点要牢固、接触良好，同时要注意安全文明操作，保护好各电器元件。

2. 板前布线工艺要求

（1）布线通道尽可能少，同路并行导线按主电路、控制电路分类集中，单层密排，紧贴安装面布线。

（2）布线要横平竖直，分布均匀。变换走向时应垂直。

（3）同一平面的导线应高低一致或前后一致，不能交叉。非交叉不可时，此根导线应在接线端子引出时就水平架空跨越，但必须走线合理。

（4）布线时严禁损伤线芯和导线绝缘。

（5）布线顺序一般以接触器为中心，由里向外，由低到高，先控制电路后主电路进行，以不妨碍后续布线为原则。

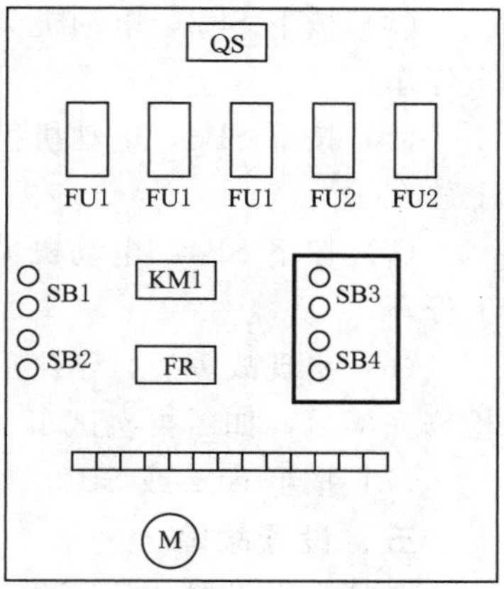

图 2-6　三相异步电动机两地
控制元件布置图

（6）导线与接线端子或接线桩连接时，不得压绝缘层、不反圈、不露铜过长。

（7）同一元件、同一回路的不同接点的导线间距离应保持一致。

（8）一个电器元件接线端子上的连接导线不得多于两根，每节接线端子板上的连接导线 一般只允许连接一根。

三、检测线路

安装完毕的控制电路板必须经过认真检查以后，才允许通电试车，以防止错接、漏接造成不能正常运转或短路事故。

1. 主电路检测

万用表检测主电路。将万用表两表笔接在 FU1 输入端至电动机星形联结中性点之间，分别测量 U 相、V 相、W 相在接触器不动作时的直流电阻，读数应为"∞"；用螺丝刀将接触器的触点系统按下，再次测量三相的直流电阻，读数应为每相定子绕组的直流电阻。根据所测数据判断主电路是否正常。

2. 控制电路检测

万用表检测控制电路。将万用表两表笔分别搭在 FU2 两输入端，读数应为"∞"。

（1）按下启动按钮 SB1 时，读数应为接触器线圈的支流电阻。根据所测数据判断控制电路是否正常。

（2）按下启动按钮 SB3 时，读数应为接触器线圈的支流电阻。根据所测数据判断控制电路是否正常。

（3）用螺丝刀将接触器的触点系统按下，读数应为接触器线圈的支流电阻。根据所测数据判断控制电路是否正常。

四、通电试车

通电试车必须征得老师同意，并由老师接通三相电源，同时在现场监护。

（1）合上电源开关 QS，用试电笔检查熔断器出线端，氖管亮说明电源接通。

（2）按下 SB1，电动机得电连续运转，观察电动机运行是否正常，若有异常现象应马上停车。

（3）按下 SB2，电动机失电停止运转，观察电动机停止是否正常，若有异常现象应马上停车。

（4）按下 SB3，电动机得电连续运转，观察电动机运行是否正常，若有异常现象应马上停车。

（5）按下 SB4，电动机失电停止运转，观察电动机停止是否正常，若有异常现象应马上停车。

（6）出现故障后，学生应独立进行检修；若需带电进行检查，老师必须在现场监护。检修完毕后，如需再次试车，也应有老师监护，并做好记录。

（7）按下 SB2 或 SB4，切断电源，先拆除三相电源线，再拆除电动机线。

五、设置故障

老师人为设置故障通电运行，同学们观察故障现象，并记录在表 2-6 中。

表 2-6　　　　　三相异步电动机多地控制电路故障设置情况统计表

故障设置元件	故障点	故障现象

任务四　电动机顺序控制电路的分析与安装

【任务导入】

本任务介绍电动机顺序控制电路。

【任务实施】

一、电路原理图

三相异步电动机顺序控制电路原理如图 2-7 所示。

二、安装线路

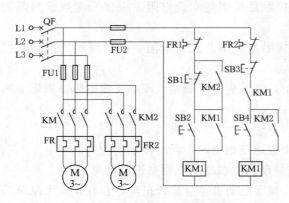

图 2-7　三相异步电动机顺序控制电路原理图

要求完成主电路、控制电路的安装布线，按要求进行线槽布线，导线必须沿线槽内布线，接线端加编码套管，线槽出线应整齐美观，线路连接应符合工艺要求，不损坏电器元件，安装前应对元件检查，安装工艺符合相关行业标准。

1. 安装线路步骤

（1）看图。认真阅读电路原理图，在明确实训要达到的技能目标，充分地搞清了控制线路的工作原理后，方可进行下一步的实训。

（2）选元件。按照图 2-7 所示的电路原理图配齐所需元件，将元件型号规格质量检查情况记录在表 2-7 中。

表 2-7 三相笼型异步电动机顺序控制电路实训所需元件清单

元件名称	型号	规格	数量	是否可用

（3）判断元件性能。动手固定元件前首先判断元件的好坏，有损坏的应提出来，要求老师给予更换。

（4）按图 2-8 固定元件。基本上按照主电路元件的先后次序进行元件的布局，兼顾横平、竖直、排列美观，并将其固定在电动机控制线路安装模拟接线板上。

（5）先给电气原理编号，然后按图接线。在电动机控制线路安装模拟接线板上分别安装三相异步电动机直接启动的主电路和控制电路。接线时注意接线方法和工艺，各接点要牢固、接触良好，同时，要注意安全文明操作，保护好各电器元件。

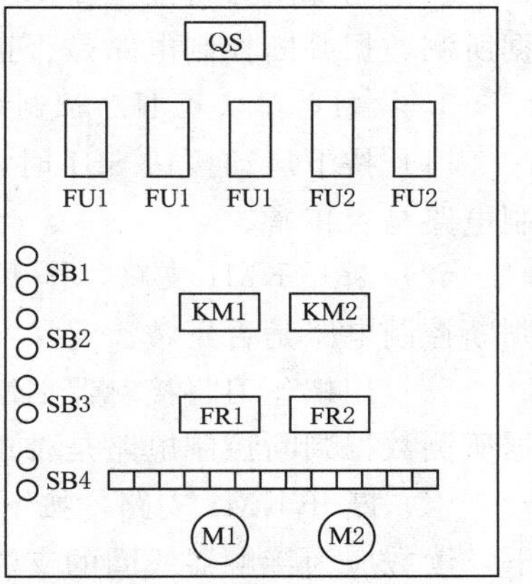

2. 板前布线工艺要求

（1）布线通道尽可能少，同路并行导线按主电路、控制电路分类集中，单层密排，紧贴安装面布线。

（2）布线要横平竖直，分布均匀。变换走向时应垂直。

（3）同一平面的导线应高低一致或前后一致，不能交叉。非交叉不可时，此根导线应在接线端子引出时就水平架空跨越，但必须走线合理。

图 2-8 三相异步电动机顺序控制元件布置图

（4）布线时严禁损伤线芯和导线绝缘。

（5）布线顺序一般以接触器为中心，由里向外，由低到高，先控制电路后主电路进行，以不妨碍后续布线为原则。

（6）导线与接线端子或接线桩连接时，不得压绝缘层、不反圈、不露铜过长。

（7）同一元件、同一回路的不同接点的导线间距离应保持一致。

（8）一个电器元件接线端子上的连接导线不得多于两根，每节接线端子板上的连接导线一般只允许连接一根。

三、检测线路

安装完毕的控制电路板必须经过认真检查以后，才允许通电试车，以防止错接、漏接造成不能正常运转或短路事故。

1. 主电路检测

万用表检测主电路。即用万用表的欧姆挡 R×100 或 R×1k 测量 L1-U、L2-V、

L3 - W 在交流接触器 KM1 模拟动作时的电阻，电阻为"∞"就正确，否则错误。

用螺丝刀将接触器的触点系统按下，再次测量三相的直流电阻，读数应为每相定子绕组的直流电阻。根据所测数据判断主电路是否正常。

2. 主电路实现顺序控制电路检测

万用表检测控制电路。将万用表两表笔分别搭在 FU2 两输入端，读数应为"∞"。

（1）按下启动按钮 SB1 时，读数应为接触器线圈的支流电阻。根据所测数据判断控制电路是否正常。

（2）按下启动按钮 SB2 时，读数应为接触器线圈的支流电阻。根据所测数据判断控制电路是否正常。

（3）用螺丝刀将接触器 KM1 的触点系统按下，读数应为接触器线圈的支流电阻。根据所测数据判断控制电路是否正常。

（4）用螺丝刀将接触器 KM2 的触点系统按下，读数应为接触器线圈的支流电阻。根据所测数据判断控制电路是否正常。

3. 控制电路实现顺序控制电路检测

（1）按下启动按钮 SB1 时，读数应为接触器线圈的支流电阻。根据所测数据判断控制电路是否正常。

（2）断开 KM1 支路，按下 SB2 时，读数应为接触器线圈的支流电阻。根据所测数据判断控制电路是否正常。

（3）用螺丝刀将接触器 KM1 的触点系统按下，读数应为接触器线圈的支流电阻。根据所测数据判断控制电路是否正常。

（4）断开 KM1 支路，按下启动按钮 SB1 时，用螺丝刀将接触器 KM2 的触点系统按下，读数应为接触器线圈的支流电阻。根据所测数据判断控制电路是否正常。

四、通电试车

通电试车必须征得老师同意，并由老师接通三相电源，同时在现场监护。

1. 主电路实现顺序控制通电试车

（1）合上电源开关 QS，用试电笔检查熔断器出线端，氖管亮说明电源接通。

（2）按下 SB1，电动机 M1 启动连续运转，观察电动机运行是否正常，若有异常现象应马上停车。

（3）按下 SB2，电动机 M2 启动连续运转，观察电动机运行是否正常，若有异常现象应马上停车。

（4）按下 SB2，观察电动机 M2 是否运行，若有异常现象应马上停车。

（5）出现故障后，学生应独立进行检修；若需带电进行检查，老师必须在现场监护。检修完毕后，如需再次试车，也应有老师监护，并做好时间记录。

（6）按下 SB3，电动机 M1/M2 停止，观察电动机是否停止，若有异常现象应马上停车。

（7）切断电源，先拆除三相电源线，再拆除电动机线。

2. 控制电路实现顺序控制通电试车

（1）合上电源开关 QS，用试电笔检查熔断器出线端，氖管亮说明电源接通。

（2）按下 SB1，电动机 M1 启动连续运转，观察电动机运行是否正常，若有异常现象应马上停车。

（3）按下 SB2，电动机 M2 启动连续运转，观察电动机运行是否正常，若有异常现象应马上停车。

（4）按下 SB2，观察电动机 M2 是否运行，若有异常现象应马上停车。

（5）出现故障后，学生应独立进行检修；若需带电进行检查，老师必须在现场监护。检修完毕后，如需再次试车，也应有老师监护，并做好记录。

（6）按下 SB3，电动机 M1/M2 停止，观察电动机是否停止，若有异常现象应马上停车。切断电源，先拆除三相电源线，再拆除电动机线。

五、设置故障

老师人为设置故障通电运行，同学们观察故障现象，并记录在表 2－8 中。

表 2－8　　　　三相笼型异步电动机顺序控制电路故障设置情况统计表

故障设置元件	故障点	故障现象

任务五　电动机的 Y－△ 启动控制电路的分析与安装

【任务导入】

本任务介绍电动机 Y－△ 启动控制电路。

【任务实施】

一、电路原理图

三相异步电动机 Y－△ 启动电路原理如图 2－9 所示。

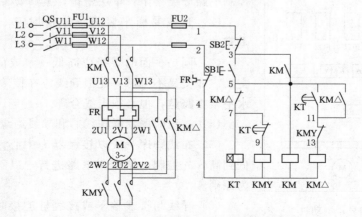

图 2－9　三相异步电动机 Y－△ 启动电路原理图

二、安装线路

要求完成主电路、控制电路的安装布线，按要求进行线槽布线，导线必须沿线槽内布线，接线端加编码套管，线槽出线应整齐美观，线路连接应符合工艺要求，不损坏电器元件，安装前应对元件检查，安装工艺符合相关行业标准。

1. 安装线路步骤

（1）看图。认真阅读电路原理图，在明确实训要达到的技能目标，充分地搞清了控制线路的工作原理后，方可进行下一步的实训。

（2）选元件。按照图2-9所示的电路原理图配齐所需元件，将元件型号规格质量检查情况记录在表2-9中。

表 2-9　　　　　　　三相笼型异步电动机 Y—△ 启动电路实训所需元件清单

元件名称	型号	规格	数量	是否可用

（3）判断元件性能。动手固定元件前首先判断元器件的好坏，有损坏的应提出来，要求老师给予更换。

（4）按图2-10固定元件。基本上按照主电路元件的先后次序进行元件的布局，兼顾横平、竖直、排列美观，并将其固定在电动机控制线路安装模拟接线板上。

（5）先给电气原理编号，然后按图接线。在电动机控制线路安装模拟接线板上分别安装三相异步电动机 Y—△ 启动的主电路和控制电路。接线时注意接线方法和工艺，各接点要牢固、接触良好，同时，要注意安全文明操作，保护好各电器元件。

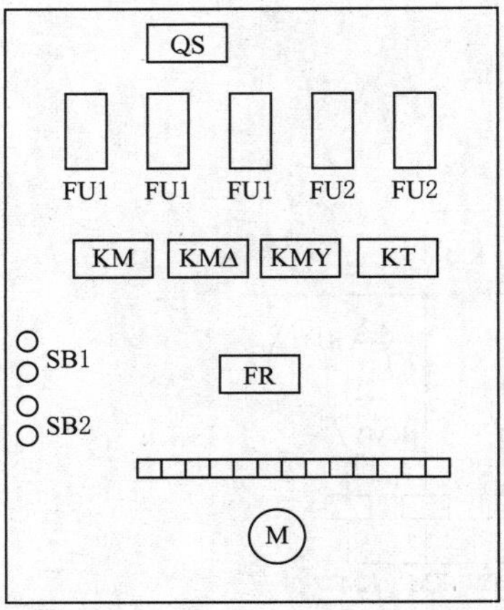

2. 板前布线工艺要求

（1）布线通道尽可能少，同路并行导线按主电路、控制电路分类集中，单层密排，紧贴安装面布线。

（2）布线要横平竖直，分布均匀。变换走向时应垂直。

（3）同一平面的导线应高低一致或前后一致，不能交叉。非交叉不可时，此根导线应在接线端子引出时就水平架空跨越，但必须走线合理。

（4）布线时严禁损伤线芯和导线绝缘。

（5）布线顺序一般以接触器为中心，由里向外，由低到高，先控制电路后主电路进行，以不妨碍后续布线为原则。

（6）导线与接线端子或接线桩连接时，不得压绝缘层、不反圈、不露铜过长。

图 2-10　三相异步电动机 Y—△ 启动元件布置图

（7）同一元件、同一回路的不同接点的导线间距离应保持一致。

（8）一个电器元件接线端子上的连接导线不得多于两根，每节接线端子板上的连接导线一般只允许连接一根。

三、检测线路

安装完毕的控制电路板必须经过认真检查以后，才允许通电试车，以防止错接、漏接造成不能正常运转或短路事故。

1. 主电路检测

万用表检测主电路。即用万用表的欧姆挡 R×100 或 R×1k 测量 L1－2U1、L2－2V1、L3－2W1 在交流接触器 KM 或 KMY、KM△模拟动作时的电阻，电阻为 0 就正确，否则错误。

用螺丝刀将接触器的触点系统按下，再次测量三相的直流电阻，读数应为每相定子绕组的直流电阻。根据所测数据判断主电路是否正常。

2. 控制电路检测

用万用表的欧姆挡 R×100 或 R×1k 测量两个控制保险的出线端子电阻。

（1）当按下启动按钮 SB1 或 KM 模拟动作时，所测电阻为接触器 KM、KMY 和 KT 线圈电阻并联就正确，否则错误。

（2）当进行接触器 KM、KM△模拟动作时，所测电阻为 KM 和 KM△线圈电阻并联，再进行接触器 KMY 模拟动作时，所测电阻为 KM 线圈电阻就正确，否则错误。

（3）当进行接触器 KM、时间继电器 KT 模拟动作时，所测电阻先为 KM、KT 和 KMY 线圈电阻并联，然后变为 KM、KM△和 KT 线圈电阻并联就正确，否则错误。

四、通电试车

通电试车必须征得老师同意，并由老师接通三相电源，同时在现场监护。

1. 空载试车

线路经自我检查无误后，安装好熔断器，注意主电路熔断器装 10A 的熔体，控制电路熔断器装 2A 的熔体，并经万用表检测安装到位无误，接好电源线，才可以请老师检查，经老师下令后，才允许不带负载通电试车。具体操作如下：

（1）合上三相电源，即合上三相低压断路器。

（2）合上刀开关。

（3）用验电笔检验 5 个熔断器出线端是否有电，有电往下继续操作，无电则断开三相电源检查熔断器。

（4）按下启动按钮 SB1，观察到接触器 KM、KMY、时间继电器 KT 动作，延时时间到后，观察到接触器 KM△动作，时间继电器 KT、接触器 KMY 断电复位，看电动机 M 是否快速正向旋转；按下停止按钮 SB2，接触器 KM、KM△断电复位，电动机 M 惯性停车，观察电动机 M 的旋转方向是否正确。

注意事项：通电试车过程中，如果发现故障，应立即断电，并进行检查，检查应先从电气原理图入手，根据故障现象，分析故障原因，缩小故障点，再进行排查。检查完后要再次请老师检查后方可通电。

五、设置故障

老师人为设置故障通电运行，同学们观察故障现象，并记录在表 2-10 中。

表 2-10　　　　三相笼型异步电动机 Y-△启动电路故障设置情况统计表

故障设置元件	故障点	故障现象

任务六　双速异步电动机的启动控制电路的分析与安装

【任务导入】

本任务介绍双速异步电动机的启动控制电路。

【任务实施】

一、电路原理图

双速异步电动启动控制系统原理如图 2-11 所示。

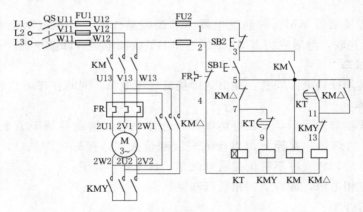

图 2-11　双速异步电动机启动控制系统原理图

二、安装线路

要求完成主电路、控制电路的安装布线，按要求进行线槽布线，导线必须沿线槽内布线，接线端加编码套管，线槽出线应整齐美观，线路连接应符合工艺要求，不损坏电器元件，安装前应对元件检查，安装工艺符合相关行业标准。

1. 安装线路步骤

（1）看图。认真阅读电路原理图，在明确实训要达到的技能目标，充分地搞清了控制线路的工作原理后，方可进行下一步的实训。

（2）选元件。按照图 2-11 所示的电路原理图配齐所需元件，将元件型号规格质量检查情况记录在表 2-11 中。

表 2-11　　　　　　　双速异步电动机启动控制系统实训所需元件清单

元件名称	型号	规格	数量	是否可用

（3）判断元件性能。动手固定元器件前首先判断元件的好坏，有损坏的应提出来，要求老师给予更换。

（4）按图 2-12 固定元件。基本上按照主电路元件的先后次序进行元件的布局，兼顾横平、竖直、排列美观，并将其固定在电动机控制线路安装模拟接线板上。

（5）先给电气原理编号，然后按图接线。在电动机控制线路安装模拟接线板上分别安装双速异步电动机启动控制系统的主电路和控制电路。接线时注意接线方法和工艺，各接点要牢固、接触良好，同时要注意安全文明操作，保护好各电器元件。

2. 板前布线工艺要求

（1）布线通道尽可能少，同路并行导线按主电路、控制电路分类集中，单层密排，紧贴安装面布线。

（2）布线要横平竖直，分布均匀。变换走向时应垂直。

（3）同一平面的导线应高低一致或前后一致，不能交叉。非交叉不可时，此根导线应在接线端子引出时就水平架空跨越，但必须走线合理。

（4）布线时严禁损伤线芯和导线绝缘。

（5）布线顺序一般以接触器为中心，由里向外，由低到高，先控制电路后主电路进行，以不妨碍后续布线为原则。

（6）导线与接线端子或接线桩连接时，不得压绝缘层、不反圈、不露铜过长。

（7）同一元件、同一回路的不同接点的导线间距离应保持一致。

（8）一个电器元件接线端子上的连接导线不得多于两根，每节接线端子板上的连接导线 一般只允许连接一根。

三、检测线路

安装完毕的控制电路板必须经过认真检查以后，才允许通电试车，以防止错接、漏接造成不能正常运转或短路事故。

1. 主电路检测

万用表检测主电路。即用万用表的欧姆挡 R×100

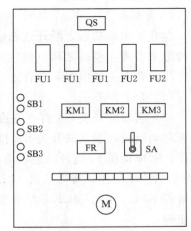

图 2-12　双速异步电动机启动控制系统元件布置图

或 R×1k 测量 L1 - U1（或 W2）、L2 - V1（或 V2）、L3 - W1（或 U2）在交流接触器 KM1 或 KM2 模拟动作时的电阻，电阻为 0 就正确，否则错误。

用螺丝刀将接触器的触点系统按下，再次测量三相的直流电阻，读数应为每相定子绕组的直流电阻。根据所测数据判断主电路是否正常。

2. 控制电路检测

用万用表的欧姆挡 R×100 或 R×1k 测量两个控制保险的出线端子电阻。

（1）当双联开关 SA 打在左边低速挡时，所测电阻为接触器 KM1 线圈电阻就正确，否则错误。

（2）当双联开关 SA 打在右边高速挡时，所测电阻为 KT 线圈电阻，当进行接触器 KM2 模拟动作时，所测电阻为 KT 和 KM2 线圈电阻并联，当进行时间继电器 KT 模拟动作时，所测电阻先为 KM1 和 KT 线圈电阻并联，然后变为 KM2 和 KT 线圈电阻并联就正确，否则就错误。

四、通电试车

通电试车必须征得老师同意，并由老师接通三相电源，同时在现场监护。

1. 空载试车

线路经自我检查无误后，安装好熔断器，注意主电路熔断器装 10A 的熔体，控制电路熔断器装 2A 的熔体，并经万用表检测安装到位无误，接好电源线，才可以请老师检查，经老师下令后，才允许不带负载通电试车。具体操作如下：

（1）合上三相电源，即合上三相低压断路器。

（2）合上刀开关。

（3）用验电笔检验 5 个熔断器出线端是否有电，有电往下继续操作，无电则断开三相电源检查熔断器。

（4）SA 打开左边低俗挡时，观察到接触器 KM1 动作；SA 打在中间停车挡时，观察到接触器 KM1 复位；SA 打在右边高速挡时，观察到接触器 KM1、时间继电器 KT 动作，延时时间到后，观察到接触器 KM1 复位，接触器 KM2、KM3 动作。

2. **负载试车**

空载试车成功后，断开三相电源，按照电气原理图形所示接法接好电动机线，才可请老师过来检查，经过老师下令后，才允许带负载通电试车。具体操作如下：

（1）合上三相电源，即合上三相低压断路器。

（2）合上刀开关。

（3）当双联开关 SA 打在左边低速挡时，观察到接触器 KM1 动作，看电动机 M 是否低速启动运行；当双联开关 SA 打在右边高速挡时，观察到接触器 KM1、时间继电器 KT 动作，看电动机 M 是否低速启动，延时时间到后，观察到接触器 KM1 断电复位，接触器 KM2、KM3 动作，看电动机 M 是否高速正向旋转；当双联开关 SA 打在中间停车挡时，接触器 KM2、KM3 和 KT 断电复位，电动机 M 惯性停车，观察电动机 M 的旋转方向是否正确。

注意事项：通电试车过程中，如果发现故障，应立即断电，并进行检查，检查应先从电气原理图入手，根据故障现象，分析故障原因，缩小故障点，再进行排查。检查完后要再次请老师检查后方可通电。

五、设置故障

老师人为设置故障通电运行，同学们观察故障现象，并记录在表 2 - 12 中。

表 2 - 12　　　　三相笼型异步电动机 Y—△启动电路故障设置情况统计表

故障设置元件	故障点	故障现象

认识可编程控制器

【项目内容】

本项目将介绍 PLC 的结构、组成、工作原理、编程软件的使用、硬件电路的连接等内容。要求掌握 PLC 的基本结构和工作原理，能根据任务要求完成 PLC 的硬件电路连接，能熟练使用 GX Works2 编程软件，并完成程序的运行调试。

【知识目标】

1. 了解 PLC 的产生、特点、应用和发展状况等。
2. 掌握 PLC 的基本结构和工作原理。
3. 掌握 GX Works2 编程软件的基本操作，熟悉软件的主要功能。
4. 掌握 PLC 的硬件接线电路。

【能力目标】

1. 能熟练操作 GX Works2 编程软件，能完成 PLC 与计算机的通信设置、程序的编写修改、下载、上传、监控等操作。
2. 能根据提供的 PLC 及端口分配表完成 PLC 硬件电路的连接

任务一 学习使用 PLC 编程软件 GX Works2

【任务导入】

学习并掌握 FX$_{3U}$ 系列 PLC 的编程软件 GX Works2 的使用方法。

【知识预备】

一、PLC 的概念

可编程控制器（Programmable Logic Controller，PLC）作为一种以微处理器为核心的新型工业自动控制装置，正在逐步替代传统的继电接触器控制系统，并被广泛应用于钢铁、化工、电力、机械制造、汽车、通信等各个工业控制领域。

1987 年国际电工委员会（IEC）颁发了可编程控制器标准草案，对可编程控制器的定义如下：可编程控制器是一种数字运算操作的电子系统，专为在工业环境下应用而设计。它采用了可编程序的存储器，用来在其内部存储执行逻辑运算、顺序控制、定时、计数和算术操作等面向用户的指令，并通过数字式或模拟式的输入/输出，控制各种类型的机械或生产过程。可编程控制器及其有关外围设备，都按易于与工业系统联成一个整体、易于扩充其功能的原则设计。

1. PLC 的分类

PLC 产品种类繁多，既有一定的区别，又有一定的共性。

(1) 按产地分类：可分为日韩系、欧美系、国产系等。其中，日韩系具有代表性的 PLC 为三菱、欧姆龙、松下、LG 等；欧美系具有代表性的 PLC 为西门子、AB、通用电气、德州仪表等；国产系具有代表性的 PLC 为信捷、和利时、浙江中控等。

(2) 按输入/输出点数分类：为适应不同工业生产过程的应用要求，不同型号的 PLC 能够处理的输入/输出信号数是不一样的。通常将一路信号称为一个点，将输入点数和输出点数的总和称为机器的点数。按照点数多少（即容量规模），可将 PLC 分为三类，即小型机（256 点以下）、中型机（256~2048 点）、大型机（2048 点以上）。

(3) 按结构形式分类：可分为整体式和模块式。整体式结构的 PLC 将 CPU、存储器输入/输出单元、电源等集成在一个基本单元中，基本单元上设有扩展端口，通过电缆与扩展单元相连，可配接特殊功能模块。此类 PLC 结构紧凑、体积小、成本低、安装方便，小型 PLC 一般为整体式结构，如三菱系列 PLC 等。模块式结构的 PLC 由一些标准模块单元构成，这些标准模块包括 CPU 模块、输入模块、输出模块、电源模块和各种特殊功能模块等，使用时将这些模块插在标准机架内即可。各模块功能是独立的，外形尺寸是统一的，插入什么模块可根据需要灵活配置。目前，中大型 PLC 多采用模块式结构，如西门子的 S7 - 300 和 S7 - 400 系列等。

2. PLC 的特点

现代工业生产复杂多样，对控制的要求也各不相同。PLC 由于具有以下特点而深受工程技术人员的欢迎：

(1) 可靠性高，抗干扰能力强。

(2) 功能完善，应用灵活，扩展能力强。

(3) 易学易用，编程方便，性价比高。

(4) 系统设计、安装工作量小，维护方便，改造容易。

(5) 体积小、重量轻、能耗低。

3. PLC 的用途

随着功能的不断完善，性价比的不断提高，PLC 产品的用途也越来越广，通常可分为以下五种类型：

(1) 顺序控制。

顺序控制是 PLC 应用最广泛的领域，用以取代传统的继电器顺序控制。PLC 可应用于单机控制、多机群控制、生产自动化流水线控制等。例如注塑机、印刷机械、订书机械、切纸机械、组合机床、磨床、装配生产线、包装生产线、电镀流水线及电梯控制等。

(2) 运动控制。

PLC 制造商目前已提供了拖动步进电动机或伺服电动机的单轴或多轴位置控制模块。在多数情况下，PLC 把描述目标位置的数据送给模块，其输出移动一轴或数轴到目标位置。当每个轴移动时，位置控制模块保持适当的速度和加速度，确保运动平滑。世界上各主要 PLC 厂家的产品几乎都有运动控制功能,广泛适用于各种机械、机床、机器人、电梯等场合。

(3)过程控制。

PLC 能控制大量的物理参数,如温度、压力、速度和流量等。PID 模块使 PLC 具有闭环控制功能,即一个具有 PID 控制能力的 PLC 可用于过程控制。当过程控制中某一个变量出现偏差时,PID 控制算法会计算出正确的输出,把变量保持在设定值上。PID 算法一旦适应了工艺,就可以在工艺混乱的情况下依然保持设定值。

(4)数据处理。

PLC 具有数学运算(含矩阵运算、函数运算、逻辑运算)、数据传送、数据转换、排序查表、位操作等功能,可以完成数据的采集、分析及处理。这些数据可以与存储在存储器中的参考值比较,完成一定的控制操作,也可以利用通信接口传送到指定的智能装置进行处理,或将它们打印制表。数据处理一般用于造纸、冶金、食品工业中的一些大型控制系统。

(5)通信和联网。

PLC 通信包括 PLC 与 PLC 之间、PLC 与上位计算机或其他智能设备(如变频器、数控装置)之间的通信。PLC 与其他智能控制设备一起,可以构成"集中管理、分散控制"的分布式控制系统,满足工厂自动化系统发展的需要。

4. PLC 的发展趋势

未来,PLC 将在设计和制造方面充分利用计算机技术和电子技术的最新成果,使其运算速度更快、存储容量更大、组网能力更强。

在产品规模方面,会进一步向超小型和超大型 PLC 发展。超小型 PLC 的体积更小、速度更快、功能更强、价格更低;超大型 PLC 的性能更高、兼容性更好、网络和通信能力更强。

在产品配套方面,PLC 产品的品种会更丰富,规格会更齐全。完美的人机交互界面、完备的通信设备会更好地适应各种工业控制场合的需求。

在全球市场方面,厂家各自生产多品种 PLC 产品的情况会随着国际竞争的加剧而打破出现少数几个品牌垄断国际市场的局面,并会出现国际通用的编程语言。

在网络发展方面,PLC 和其他工业控制计算机组网,构成大型的控制系统将是 PLC 技术的发展方向。

总之,PLC 的发展速度将更加迅速,应用领域将更加广泛,成为现代电气控制系统中不可替代的控制装置。

二、PLC 的结构和工作原理

1. PLC 的结构

虽然 PLC 多种多样,功能和指令系统也不尽相同,但其基本结构和工作原理大同小异,主要由主机、输入/输出接口、电源、编程器、扩展接口和外部设备接口等几部分组成,如图 3-1 所示。

(1)主机。

主机部分包括中央处理器(CPU)、系统程序存储器、用户程序及数据存储器。CPU

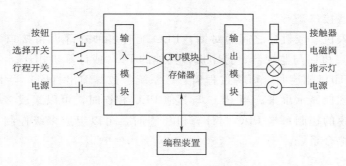

图 3-1　PLC 基本结构图

是 PLC 的核心，它在系统程序控制下，完成逻辑运算、数学运算，协调系统内部各部分工作。系统程序存储器主要存放系统管理和监控程序，以及对用户程序作编译处理的程序，这些程序已由厂家固定，用户无法更改。用户程序及数据存储器主要存放用户编制的应用程序、各种暂存数据和中间结果。

（2）输入/输出接口。

输入/输出（I/O）接口是 PLC 与外界连接的接口。输入接口用来接收和采集两种类型的输入信号，一类是由按钮、选择开关、行程开关、继电器触点、接近开关、光电开关、数字拨码开关等传来的开关量输入信号，另一类是由电位器、测速发电机和各种变送器等传来的模拟量输入信号。

输出接口用来连接被控对象中的各种执行元件，如接触器、电磁阀、指示灯、调节阀（模拟量）、调速装置（模拟量）等。PLC 的输出接口电路有继电器输出、晶体管输出和双向晶闸管输出三种形式。

（3）电源。

PLC 一般使用 220V 单相交流电源，电源部件将交流电转换成 CPU、存储器等电路工作所需的直流电，保证 PLC 正常工作。小型整体式 PLC 内部有一个开关稳压电源，它一方面可为 CPU、I/O 接口及扩展接口提供直流 5V 工作电源，另一方面可为外部输入元件提供直流 24V 电源。

（4）编程器。

编程器主要用来输入、检查、修改和调试用户程序，也可用来监视 PLC 的工作状态。它分简易型和智能型两类，小型 PLC 常用简易型编程器（图 3-2），大中型 PLC 多用具有图形显示功能的智能型编程器。目前，更多使用计算机作为编程工具。将 PLC 和计算机连接后，在计算机上安装 PLC 厂家提供的计算机辅助编程软件，运行这些软件即可用计算机对 PLC 编程，可以直接输入、显示、运行和监控用户程序。

（5）扩展接口。

扩展接口用于将扩展单元与基本单元相连，使 PLC 的配置更加灵活，以满足不同控制系统的需求。

图 3-2　简易型编程器

（6）外部设备接口。

为了实现"人机"或机器之间的对话，PLC配有多种外部设备接口（即通信接口）。PLC通过这些接口可以与监视器、打印机、其他的PLC或计算机相连。

当PLC与打印机相连时，可将过程信息、系统参数等输出打印；当PLC与监视器相连时，可将过程图像显示出来；当PLC与其他PLC相连时，可以组成多机系统或连成网络，实现更大规模的控制；当PLC与计算机相连时，可以组成多级控制系统，实现控制与管理相结合的综合系统。

2.PLC的工作原理

PLC采用循环扫描的工作方式，即"顺序扫描，不断循环"。当PLC正常运行时，它将根据用户按控制要求编制的程序，按照指令序号不断循环扫描地工作下去。分析此扫描过程，如果对远程I/O特殊模块和其他通信服务暂不考虑，这样扫描过程可分为"输入采样""程序执行""输出刷新"三个阶段。整个过程扫描执行一次所需要的时间称为扫描周期。

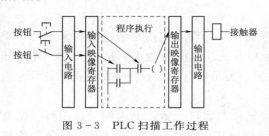

图3-3 PLC扫描工作过程

下面就对这三个阶段进行详细分析，并形象地用图3-3表示（此处I/O采用集中采样集中输出方式）。

输入采样阶段：PLC在输入采样阶段，首先扫描所有输入端子，并将各输入状态存入内存中各对应的输入映像寄存器中。此时，输入映像寄存器被刷新。接着进入程序执行阶段，在程序执行阶段和输出刷新阶段，输入映像寄存器与外界隔离，无论输入信号如何变化，其内容保持不变，直到下个扫描周期的输入采样阶段，才重新写入输入端的新内容。

程序执行阶段：根据PLC梯形图程序扫描原则，PLC按先左后右，先上后下的步序逐点扫描。若遇到程序跳转指令，则根据跳转条件是否满足来决定程序的跳转地址。当指令中涉及输入、输出状态时，PLC就从输入映像寄存器中"读入"上一阶段采入的对应输入端子的状态，从输入映像寄存器"读入"对应元件（"软继电器"）的当前状态。然后进行相应的运算，运算结果再存入输出映像寄存器中。对输出映像寄存器来说，每一个元件（"软电器"）的状态会随着程序执行过程而变化。

输出刷新阶段：在所有指令执行完毕后，输出映像寄存器中所有输出继电器的状态（接通/断开）在输出刷新阶段转存到输出锁存器中，通过一定方式输出，驱动外部负载。

综上可知，PLC在一个扫描周期内，对输入状态的扫描只是在输入采样阶段进行，输出值也只有在输出刷新阶段才能被送出去，而在程序执行阶段输入端和输出端均被封锁。这就是集中采样、集中输出方式。

三、FX系列可编程序控制器

FX系列PLC是由日本三菱电机公司研制开发的小型可编程控制器（图3-4），它将CPU和输入/输出一体化，使应用更为方便。FX系列PLC种类丰富，可以满足不同客户的使用要求。此外，还有多种特殊功能模块提供给不同的客户。FX 系列 PLC 又分为 FX_0、FX_{0N}、FX_{1N}、FX_{2N}、FX_{3U}、FX_{3G}、FX_{5U} 等几个小系列。本书以 FX_{3U} 系列 PLC 为例进行介绍。

图 3-4　三菱 FX_{3U} 系列 PLC

1. FX 系列 PLC 的命名

FX 系列 PLC 型号命名的基本格式如下：

$FX_{\square\square}-\boxed{\square\square}\ \boxed{\square}\ \boxed{\square}/\boxed{\square}\ \boxed{\square\square}$

（a）　　（b）　（c）（d）（e）　（f）

（a）系列序号：如 1S、1N、2N、3U、3G 等

（b）I/O 总点数：14～256

（c）单元类型：M 为基本单元

　　　　　　　E 为 I/O 混合扩展单元与扩展模块

　　　　　　　EX 为输入专用扩展模块

　　　　　　　EY 为输出专用扩展模块

（d）输出形式：R 为继电器输出

　　　　　　　T 为晶体管输出

　　　　　　　S 为双向晶闸管输出

（e）电源形式：E 为 AC 100～240V 电源/DC 24V 输入

　　　　　　　D 为 DC 24V 电源/DC24V 输入

　　　　　　　UA1 为 AC100～240V 电源/AC 100V～200V 输入

（f）输入/输出方式：S 为 DC 5～30V 漏型/源型输入、漏型输出

　　　　　　　　　SS 为 DC 5～30V 漏型/源型输入、源型输出

例如 FX_{3U}-16MR/ES，其参数意义为三菱 FX_{3U} PLC，基本单元有 16 个 I/O 点，继器输出型，使用交流电源，DC 24V 输入。又如 FX_{3U}-64MT/DS 表示属于 FX_{3U} 系列，有个 64G 个 I/O 点的基本单元，晶体管漏型输出，使用 24V 直流电源。

2. FX 系列 PLC 的基本组成

FX 系列 PLC 由基本单元、扩展单元、扩展模块及特殊功能单元构成基本单元包括 CPU、存储器、I/O 和电源，是 PLC 的主要部分。扩展单元用于增加 PLC 的 I/O 点数的

装置，内部设有电源。扩展模块用于增加 PLC 的 I/O 点数和改变 PLC 的 I/O 点数比例，内部无电源，所用电源由基本单元或扩展单元供给。因扩展单元和扩展模块内无 CPU，所以必须与基本单元一起使用。特殊功能单元是一些专门用途的装置，如模拟量控制模块、通信模块等。

3. FX_{3U} 系列 PLC 的编程软元件

PLC 用于工业控制，本质上是用程序表达控制过程中事物间的逻辑或控制关系。而就程序来说，这种关系必须借助机内器件来表达。这就要求在 PLC 内部设置具有各种各样功能的能方便地代表控制过程中各种事物的元器件，这就是编程元件。

PLC 中的编程元件称为"软继电器"或编程"软元件"，有输入继电器 X、输出继电器 Y、辅助（中间）继电器 M、定时器 T、计数器 C 等。所有元件都有编号，这些编号就是计算机存储单元的地址。PLC 编程元件的编号分为两部分：第一部分是代表功能的字母，如输入继电器用"X"表示、输出继电器用"Y"表示；第二部分为数字，数字为该类元件的序号。在 FX_{3U} 系列 PLC 中，输入继电器"X"和输出继电器"Y"的序号为八进制，其余元件的序号为十进制。

编程元件的使用主要体现在程序中，一般可认为编程元件和继电接触器元件类似，具有线圈和常开/常闭触点。编程元件作为计算机的存储单元，从本质上来说，某个编程元件被选中，是将该编程元件的存储单元内容置 1，失去选中条件则该存储单元内容清 0。

由于编程元件实质为存储单元，取用它们的常开/常闭触点实质上是读取存储单元的状态，所以可以认为一个编程元件具有无数个常开/常闭触点。

编程元件作为计算机的存储单元，在存储器中只占一位，其状态只有 1 和 0 两种状态，称为位元件。PLC 的位元件还可以组合使用。

（1）输入继电器 X。

输入继电器与 PLC 的输入端相连，是 PLC 用来接收用户设备发来的输入信号的接口。FX_{2N} 系列 PLC 输入继电器的编号范围是 X000～X267，最多可达 184 点（八进制编号）。输入继电器必须由外部信号来驱动，不能在程序内部用指令来驱动，其触点也不能直接输出驱动外部负载。

（2）输出继电器 Y。

输出继电器用于将 PLC 的输出信号传送给输出模块，再由后者驱动外部负载。FX_{3U} 系列 PLC 输出继电器的编号范围是 Y000～Y267，最多可达 184 点（八进制编号）。输出电器的外部输出触点与 PLC 的输出端子相连，可提供无限多对常开/常闭触点，供编程使用。

（3）辅助继电器 M。

PLC 内部有很多辅助继电器，其作用相当于继电器控制系统中的中间继电器。辅助继电器只能由程序驱动，其触点不能直接驱动外部负载，可分为通用型、断电保持型和特殊辅助继电器三种。

1）通用辅助继电器：此类辅助继电器主要用于逻辑运算的中间状态存储和信号类型的变换，按十进制编号，M0～M499，共 500 点。

2）断电保持辅助继电器：M500～M7679。此类辅助继电器具有记忆能力。所谓断电保持，就是在 PLC 外部电源断开后，由机内电池为某些特殊工作单元供电可以记忆它们在断电前的状态。

3）特殊辅助继电器：M8000～M8511（512 点）。分为两类，触点利用型特殊辅助继电器器常用作时基，用户只能利用其触点，线圈由 PLC 自行驱动；线圈驱动型特殊辅助继电器由用户程序驱动其线圈，PLC 作特定动作。

a. 触点利用型特殊辅助继电器：此类辅助继电器的线圈由 PLC 的系统程序来驱动。用户程序只可使用其触点，如 M8000、M8002、M8005、M8011～M8014 等。

M8000：运行监视。当 PLC 执行用户程序时，M8000 为 ON；停止执行时，M8000 为 OFF。

M8002：初始化脉冲。仅在 PLC 运行开始瞬间接通一个扫描周期。M8002 的常开触点常用于某些元件的复位和清零，也可作为启动条件。

M8005：锂电池电压降低。锂电池电压下降至规定值时变为 ON，可以用它的触点驱动输出继电器和外部指示灯，提醒工作人员更换锂电池。

M8011～M8014 分别是 10ms、100ms、1s 和 1min 时钟脉冲。

b. 线圈驱动型特殊辅助继电器：这类辅助继电器由用户程序驱动其线圈，使 PLC 执行特定的操作，如 M8033、M8034、M8039 等。

M8033 的线圈"通电"时，PLC 由 RUN 进入 STOP 状态后，映像寄存器与数据寄存器中的内容保持不变。

M8034 的线圈"通电"时，PLC 的全部输出被禁止。

M8039 的线圈"通电"时，PLC 以 D8039 中指定的扫描时间工作。

（4）定时器 T。

定时器在 PLC 中的作用相当于继电器控制系统中的时间继电器，它由一个设定值寄存器、一个当前值寄存器、一个线圈和无限个触点组成，可在程序中作延时控制。FX_{3U} 系列 PLC 定时器具有以下四种类型，见表 3-1。

表 3-1   **FX_{3U} 系列 PLC 定时器类型**

定时器类型	地址范围	计时范围/s
100ms 定时器	T0～T199（200 点）	0.1～3276.7
10ms 定时器	T200～T245（46 点）	0.01～327.67
1ms 定时器	T246～T249（4 点）	0.001～32.767
100ms 积算定时器	T250～T255（6 点）	0.1～3276.7

PLC 定时器是根据时钟脉冲累积计时的，时钟脉冲有 1ms、10ms 和 100ms 三种规格，不同时钟脉冲的计时精度是不同的。

设定值寄存器用于存储编程时指定的计时时间设定值，当前值寄存器用于记录计时的当前值。这两个寄存器均为 16 位二进制存储器，其最大值乘以定时器的计时单位值就是定时器的最大计时范围。当满足计时条件时，定时器开始计时，当前值寄存器开始对时钟脉冲进行累积计数，当该值与设定值相等时，定时器的常开触点接通，常闭触点断开，并通过程序作用于控制对象，达到时间控制的目的。

图 3-5 为定时器在梯形图中使用的情况，其中图 3-5（a）为非积算定时器，图 3-5（b）为积算定时器。

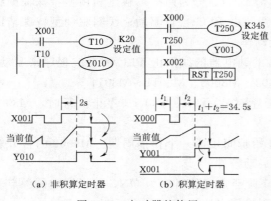

（a）非积算定时器　　（b）积算定时器

图 3-5　定时器的使用

在图 3-5（a）中，X001 为计时条件，当 X001 接通（即 X001 常开触点闭合）时定时器 T10 开始计时。K20 为设定值（K 代表十进制），十进制数"20"为该定时器计时单位值的倍数。T10 为 100ms 定时器，当设定值为"K20"时，其计时时间为 2s（即 2000ms）。Y010 为定时器的触发对象。当计时时间达到设定值时，定时器 T10 的常开触点接通（闭合），Y010 置 1。

图 3-5（b）为积算定时器 T250 的工作梯形图。因积算定时器的当前值寄存器和触点都有记忆功能，所以其复位时必须在程序中加入专门的复位指令。图中 X002 即为复位条件。当 X002 接通执行"RST T250"指令时，T250 的当前值寄存器和触点同时置 0。

定时器可以用常数 K 作为设定值，也可以用数据寄存器的内容作为设定值（例如若定时器的设定值为 D10，而 D10 中的内容为 100，则定时器的设定值为 100）。在用数据寄存器设置定时器的设定值时，一般使用具有断电保持功能的数据寄存器。即使如此，当备用电池的电压降低时，定时器仍可能发生误动作。

T10 为非积算定时器。在其开始计时且未达到设定值时，若计时条件 X001 断开或 PLC 电源断电，计时过程将中止且当前值寄存器复位（置 0）。若 X001 断开或 PLC 电源断电发生在计时过程已完成且定时器的触点已动作时，触点的动作也不能保持。若把定时器 T10 换成积算定时器 T250，情况就不一样了。积算定时器在计时条件断开或 PLC 电源断电时，其当前值寄存器的内容及触点状态均可保持，可以"累积"计时时间，所以称为"积算"定时器。

（5）计数器 C。

计数器在程序中用作计数控制，分为内部计数器和高速计数器两种。内部计数器是在执行扫描操作时对内部元件（如 X、Y、M、S、T、C）的信号进行计数的计数器，又称普通计数器或低速计数器。高速计数器是对高于机器扫描频率的信号进行计数的计数器。

1）16 位增计数器。

16 位增计数器的设定值为 1～32767，其中 C0～C99 共 100点是通用型；C100～C199 共 100 点是断电保持型。

16 位增计数器的工作原理：在图 3-6 中，计数输入 X011 是计数器的工作条件，每次 X011 接通驱动计数器 C0 的线圈时，计数器的当前值加 1。K10 是计数器的设定值（K 代表十进制）。当第 10 次执行线圈指令时，计数器的当前值和设定值相等，触点动

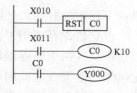

图 3-6　16 位增计数器
的工作原理

作，计数器 C0 的触发对象 Y000 接通。在计数器 C0 的常开触点置 1 后，即使输入 X011 再接通，计数器的当前值状态也保持不变。当 X010 接通时执行复位指令 RST C0，计数器的当前值为 0，输出触点 C0 断开，线圈 Y000 也复位。

2）32 位增/减计数器。

32 位增/减计数器的设定值为－2147483648～＋2147483647，其中 C200～C219 共 20 点是通用型；C220～C234 共 15 点是断电保持型。

32 位指其设定值寄存器为 32 位，32 位的首位是符号位。设定值的最大绝对值为 31 位二进制数所表示的十进制数。设定值可直接用常数 K 或间接用数据寄存器 D 的内容。计数的方向（增计数或减计数）由特殊辅助继电器 M8200～M8234 设定。当 M8200～M8234 接通（置 1）时为减计数器；当 M8200～M8234 断开（置 0）时，为增计数器。

32 位增/减计数器的工作过程如图 3-7 所示。X014 作为计数输入驱动 C200 线圈进行增计数或减计数。X012 为计数方向选择。计数器的设定值为－5。当计数器的当前值由－6 增加为－5 时，其触点接通（置 1）；当计数器的当前值由－5 减少为－6 时，其触点断开（置 0）；当复位输入 X013 接通时，计数器的当前值为 0，输出触点复位。

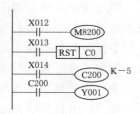

图 3-7　32 位增/减计数器的工作过程

4. FX$_{3U}$ 系列 PLC 的编程语言

与其他计算机类似，PLC 的软件由系统程序和用户程序两大部分组成。系统程序由 PLC 生产厂家固化在机内，用以控制 PLC 本身的运作；用户程序是使用者通过编程器编制并输入的用来控制外部对象运作的应用程序。

尽管不同 PLC 产品的编程语言有所不同，但大体可分为五种类型，即梯形图（LAD）、指令表（STL）、顺序功能图（SFC）、功能块图（FBD）和结构文本（ST）。

(1) 梯形图（LAD）。

梯形图是一种以图形符号及图形符号在图中的相互关系表示控制关系的编程语言，它是从继电器控制电路图演变过来的。梯形图将继电器控制电路图进行简化，同时加进了许多功能强大、使用灵活的指令，并将微机的特点结合进去，使编程更加容易，而实现的功能却大大超过传统的继电器控制电路图，如图 3-8 所示。

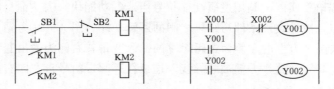

图 3-8　继电器控制图与 PLC 梯形图对比

梯形图最左边是起始母线，每一逻辑行（即一层阶梯）必须从起始母线开始画，然后是触点的逻辑连接和线圈的输出，默认画出触点未动作时的初始状态。梯形图最右边还有结束母线，一般可以将其省略。程序结束后应有结束符（如"END"）。

梯形图必须按照从左到右、从上到下的顺序进行设计，因为 PLC 是按照这个顺序执行程序的。梯形图中的触点可以任意串联和并联，而线圈只能并联。由于在 PLC 中每一触点的状态均存入PLC内部的存储单元中，所以梯形图中同一标记的触点可以反复使用，次数不限。

梯形图整体呈阶梯状，是形象化的编程语言，其左右两端的母线是不接任何电源的，因而梯形图中没有真实的物理电流，而只有"概念电流"。"概念电流"只能从左向右流动，层次的改变只能先上后下。

分析梯形图程序时要注意：当输入继电器X、输出继电器Y、辅助继电器M、定时器T等编程元件接通（动作）时，在梯形图中其对应的常开触点将变为闭合，常闭触点坏将变为断开。通常只有当前逻辑行的所有触点都接通时，最右端的线圈才能接通。

梯形图语言简单明了，易于理解，是应用最广泛的一种PLC编程语言。

（2）指令表（STL）。

指令表是一种类似于计算机汇编语言的助记符语言，它是PLC最基础的编程语言。简单地讲，指令表编程就是用一系列操作指令组成的语句表将控制流程描述出来，并通过简易手持编程器等输入到PLC中去。

语句是指令表编程语言的基本单元，每个控制操作由一条或几条语句来执行。指令语句通常由操作码和操作数两部分组成，如LD X000。

操作码又称编程指令，用助记符表示（如LD表示取、OR表示或），用来指示CPU要完成的操作，如逻辑运算、算术运算、定时、计数、移位、传送等。

操作数给出操作码所指定操作的对象或执行该操作所需的数据，通常为编程元件的编号或常数，如X000表示输入继电器及其地址。

（3）顺序功能图（SFC）。

顺序功能图利用状态流程框图来表达一个顺序控制过程，是一种较新的图形化的编程方法。它将顺序流程动作的过程分成步和转换条件，根据转换条件对控制系统的功能流程顺序进行分配，一步步地按照顺序动作。

图3-9为顺序功能图的示意图。每一步代表一个控制功能任务，用方框表示。方框中的数字代表顺序步，方框右侧是每个顺序步执行的功能和步进条件。方框间的关系及方框间状态转换的条件用线段表示。

（4）功能块图（FBD）。

功能块图编程语言实际上是用逻辑功能符号组成的功能块来表达命令的图形语言，它与数字逻辑电路类似，极易表现条件与结果之间的逻辑功能。图3-10为先"或"后"与"再输出操作的功能块图。方框的左侧为逻辑运算的输入变量，右侧为输出变量。输入端、输出端的小圆圈表示"非"运算，方框被"导线"连接在一起，信号自左向右流动。

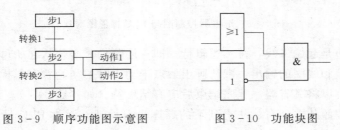

图3-9　顺序功能图示意图　　　　图3-10　功能块图

（5）结构文本（ST）。

随着 PLC 的飞速发展，如果许多高级功能仍然用梯形图来表示，会很不方便。为了增强 PLC 的数字运算、数据处理、图表显示、报表打印等功能，方便用户使用，许多大中型 PLC 都配备了 PASCAL、BASIC、C 等高级编程语言，这种编程方式称为结构文本。

与梯形图相比，结构文本具有两大优点，一是能实现复杂的数学运算，二是非常简洁和紧凑。结构文本要求用户具有一定的计算机高级语言知识和编程技巧，因此它主要用于其他 4 种编程语言较难实现的用户程序编制。

以上 5 种编程语言是由国际电工委员会（IEC）1994 年 5 月在可编程控制器标准中推荐的。其中，最常用的是梯形图和指令表。

5. GX Works2 编程软件简介

三菱公司的 GX Works2 编程软件，是三菱电机新一代 PLC 编程软件，具有简单工程和结构化工程两种编程方式，支持梯形图、指令表、SFC、ST 结构化梯形图等编程语言，可实现程序编辑、参数设定、网络设定、程序监控、调试及在线改、智能功能模块设置等功能，适用于 A、Q、QnU、L、FX 等系列 PLC，兼容 GX Developer 较件。可在 Windows XP、Windows Vista、Windows7 等以上版本运行。

PLC 和计算机有相应的接口单元，它们之间的通信主要通过 RS-232 或 RS-422 接口进行。如果 PLC 和计算机的通信接口都是标准的 RS-232 接口，则可以直接使用适配电缆 RS-232C AB 进行连接，实现通信。若 PLC 上的通信接口是 RS-422 时，则必须在 PLC 与计机之间加一个 RS-232/RS-422 转换器，如用 SC-09 电缆进行连接，此时连接电缆的 9 个脚端连接到计算机串口上，另一端连接在 PLC 的 RS-422 编程口上。对于带 USB 接口的算机，也可使用 USB-8C09-FX 编程电缆，通过安装驱动软件，将相应的 USB 接口虚拟成 RS-232C 串口，即可与 SC-09 电缆一样使用。SC-09 编程电缆通用于三菱 A 系列和 FX 系列 PLC，支持所有通信协议，用于计算机和 PLC 的编程通信和各种上位机监控软件，该电缆的 RS-232 接口和 RS-422 接口均有内置保护电路，支持带电插拔。

【任务实施】

一、创建新工程

（1）在计算机上安装 GX Works2 软件。软件获取及安装方法，读者可查阅网络，本书不再赘述。

（2）双击 GX Works2 编程软件图标 ▨ ，启动软件。首先弹出图 3-11 所示的启动画面，随后即可进入软件的操作界面，如图 3-12 所示。GX Works2 的操作界面与其他 Windows 应用软件类似。

（3）在 GX Works2 操作界面中，选择"工程"→"新建"菜单，打开"新建"对话框，如图 3-13 所示。在该对话框中将"系列"选择为"FXCPU"、"机型"选择为"FX3U/FX3UC"、"工程类型"选择为"简单工程"、"程序语言"选择为"梯形图"，然后单击"确定"按钮，建立一个 PLC 工程文件。

图 3-11 GX Works2 启动画面

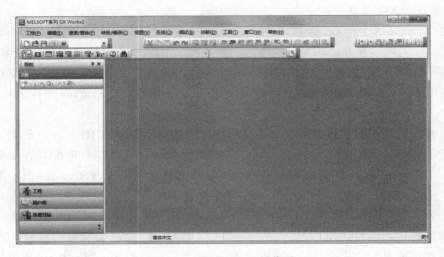

图 3-12 GX Works2 操作界面

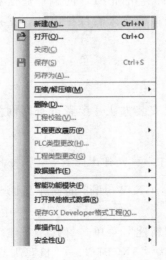

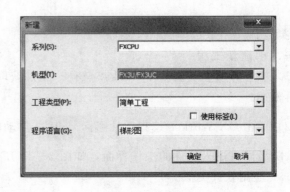

图 3-13 创建新工程

二、程序编辑与变换

新建工程文件后，系统会自动转入梯形图程序编辑环境。在梯形图编辑区将光标定位到某个位置，然后通过键盘输入指令（或者单击"梯形图符号"工具条中的"常开触点" 等按钮），打开"梯形图输入"对话框，如图 3 - 14 所示。在该对话框左侧的下拉列表框中选择软元件类型，在右侧的编辑框中输入软元件指令，然后单击确定按钮，即可将其输入到梯形图编辑区中。在输入梯形图时，要按照"从左到右，从上到下"的顺序。如果输入错误，会弹出提示对话框，此时单击"确定"按钮，重新输入梯形图符号即可。此外，用户还可通过"编辑"→"梯形图符号"菜单中的一系列命令对输入的梯形图进行修改。

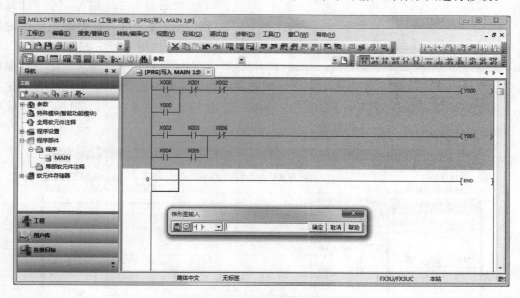

图 3 - 14　编辑梯形图程序

编辑后的梯形图呈灰色。如不对程序进行编译，程序是无效的，需要选择菜单"转换/编译"→"转换"进行编译，或按下功能键 F4。若灰色的程序变成白色，说明编译成功，否则说明程序语法有误，无法完成编译。

请挑选本书后续章节中的任意梯形图程序，进行梯形图编辑练习。通过练习熟悉梯形图编辑中的删除、插入、修改、复制、粘贴、绘制与删除横竖线等功能，并掌握划线写入、划线删除等快速编辑的技巧。

三、保存工程

单击工具条中的"保存" 按钮，或者选择"工程"→"保存"菜单，弹出"另存工程为"对话框，指定保存位置和工程名，然后单击"保存"按钮，可对编辑好的程序进行保存，如图 3 - 15 所示。另外，通过选择"工程"→"另存为"菜单可以修改已经保存工程的存盘路径。

四、通信设置

PLC 程序的新建、打开或修改等可以在离线工作方式下进行，但 PLC 程序的上传或

图 3-15 保存工程文件

下载必须在联机工作方式（在线方式）下进行，即 PLC 与计算机必须可靠通信。

单击图 3-16 左下方"导航"功能区的最后一个"连接目标"按钮，"导航"功能区显示如该图所示的"连接目标"选项。双击"当前连接目标"的"Connection1"，则出现如图 3-17 所示的"连接目标设置"对话框。该对话框的设置步骤为：

（1）双击"Serial USB"图标，在"计算机侧 I/F 串行详细设置"对话框中选择相应的接口，如图 3-17 中选用"RS-232C"（即串口）接口，在"COM 端口"下拉列表框中选择编程电缆连接的串口号（如"COM 1"），在"传送速度"下拉列表框中选择"9.6kbps"，然后单击"确定"按钮，保存当前通信设置。

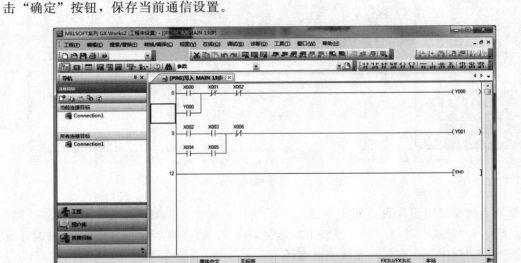

图 3-16 PLC 与计算机通信连接设置图一

（2）单击"通信测试"按钮，若设置正确，则出现"已成功与 FX3U/FX3UC CPU 连接"的对话框，再按"确定"按钮，此时表明计算机与 PLC 可以正常通信。否则，需查找问题所在，如检查 PLC 电源有没有接通或电缆连接是否正确等，直至通信测试显示连接成功为止。

（3）通信测试连接成功后，单击"确定"按钮，回到工程主画面。

五、写入程序

计算机与 PLC 通信设置完成后，从"在线"下拉列表选择"PLC 写入"选项，然后弹出如图 3-18 中的"在线数据操作"对话框；按需要选择要写入的内容，如图选择"参数＋程序"，然后单击"执行"按钮；出现"PLC 写入"画面和"是否执行 PLC 写入"

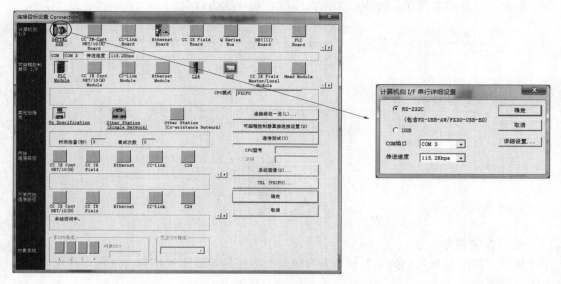

图 3-17　PLC 与计算机通信连接设置图二

的对话框，单击对话框"是"按钮，即进行 PLC 程序写入。当写入结束后，出现 PLC 写入结束的画面和"是否执行远程运行"的对话框，单击对话框中的"是"按钮，程序写入 PLC 的操作结束。

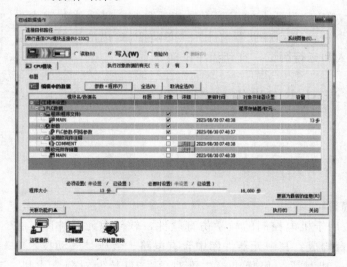
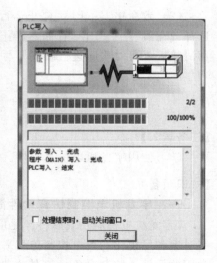

图 3-18　PLC 程序写入

六、运行和监视

成功将程序写入到 PLC 以后，选择"在线"→"远程操作"菜单，打开"远程操作"对话框，如图 3-19 所示，将 PLC 设为"RUN"模式，然后单击"执行"按钮，即可运行程序。

运行程序后，选择"在线"→"监视"→"监视模式"菜单，可对 PLC 的运行过程进行监控。结合控制程序，操作有关输入信号，观察输出状态。

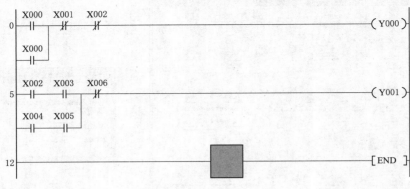

图 3-19 监视程序

七、调试程序

选择"调试"菜单中的一系列命令可以对程序进行调试。程序运行过程中出现的错误主要有以下两种：

（1）一般错误：运行的结果与设计要求不一致。需要修改程序先选择"在线"→"远程操作"菜单，打开"远程操作"对话框，将 PLC 设为"STOP"模式，再选择"编辑"→"写入模式"菜单，然后从 PLC 中读取程序并进行修改、写入和运行测试直到程序正确。

（2）致命错误：PLC 停止运行，PLC 设备上的 ERROR 指示灯亮。需要修改程序先选择"在线"→"PLC 存储器操作"→"PLC 存储器清除"菜单将 PLC 内的错误程序全部清除后，再对程序进行修改、写入和运行测试，直到程序正确。

任务二　学习使用机电仿真软件

【任务导入】

学习使用宇龙机电仿真软件。

【知识预备】

一、宇龙机电控制仿真软件简介

《宇龙机电控制仿真软件》是应用于机电控制的教学仿真软件，软件由元器件库、控制对象和可视化的机电控制仿真平台构成。其中元器件库中含有电路、液压、气动技术中常用的元件，控制对象含有传送带、机械手、售货机等二维对象，3D 控制对象含水塔、混料罐、传送带等立体对象。通过《宇龙机电控制仿真软件》自带的各种功能部件，自由搭建用户所需要的电、液、气的自动控制系统。

1. 机电仿真软件的特点

（1）《宇龙机电控制仿真软件》含有上百种三大类元器件：电路元器件、液压系统元器件、气压控制系统元器件。

（2）《宇龙机电控制仿真软件》已经涵盖了欧姆龙、三菱、西门子等系列的 PLC 部件，用户可以对 PLC 进行任意的程序编辑以及程序的调试。

（3）《宇龙机电控制仿真软件》提供了大量的应用控制对象，这些应用对象将根据用户编制的 PLC 程序和设计搭建的链路以可视化形式真实直观的表现应用对象的自动控制。

（4）《宇龙机电控制仿真软件》中具有可视化机电控制仿真平台，在这个平台上，用户可以将元器件随意搭建成某个机电系统，在运行过程中对每条回路或器件进行实时的电气测量，电、液、气的系统可以混合控制。并设计了虚拟工厂，例如流水线和机床。

2．机电仿真软件的优势

（1）投资小、占地少、安全、耐用无损耗。

（2）用户可以使用库里的任意器件自和对象自主发挥想象的搭建各种机电应用系统。

（3）具有对用户编制的程序进行自动、合理、可视化的评判等功能。

3．机电仿真软件的主要内容

（1）电路功能部件：通用继电器、中间继电器、电流继电器、电压继电器、时间继电器、热继电器、接触器、变频器、各种各样的开关、不同型号的 PLC、电源、控制变压器、桥式整流器、电磁吸盘、各种电灯及指示灯、数码管、各种电动机等。

（2）液压元器件：各种电磁式换向阀、各种液控式换向阀、邮箱、单向阀、液压泵、调速阀、减压阀、压力继电器、溢流阀、节流阀、液压缸、行程阀等。

（3）气动元器件：各种电磁式空气换向阀、各种气控式空气换向阀、空气单向阀、气压泵、气流调速阀、空气减压阀、气压继电器、溢流阀、节流阀、气压缸、行程阀等。

（4）控制对象：水池、小车、物料混合、洗衣机、自动门、售货机、喷水池、红绿灯系统、传送带、三台泵等控制对象。

（5）3D 控制对象：四节传送带控制、自动配料装车系统控制、十字路口交通灯控制、水塔水位控制、天塔之光控制、机械手控制、多种液体混合装置控制、数码显示控制、音乐喷泉控制、镗床、X62 铣床。

【任务实施】

本任务以刀开关控制电灯的家用照明电路为例进行仿真软件的学习。

一、安装

在计算机上安装《宇龙机电控制仿真软件》，软件获取及安装方法请查阅上海数林科技有限公司官网，或与销售人员联系，本书不再赘述。

二、运行机电仿真软件

1．运行加密锁管理程序

（1）插入随软件一起提供的"加密锁"。

（2）在"开始/程序/宇龙机电控制仿真软件"菜单里单击"加密锁管理程序"，运行"加密锁管理程序"，成功运行之后，在屏幕的右下角将弹出如下的图标：。

注意：第一次运行加密锁管理程序的时候，需要输入加密锁的注册码；如果使网络版，仅需在教师机或服务器上运行加密锁管理程序即可，当学生机上运行宇龙机电控制仿真软件时，将会自动在局域网内搜寻"加密锁管理程序"。

2. 运行宇龙机电控制仿真软件

加密锁启动之后，在"开始/程序/宇龙机电控制仿真软件"菜单里单击"宇龙机电控制仿真软件"，运行软件弹出登录界面，如图 3-20 所示。

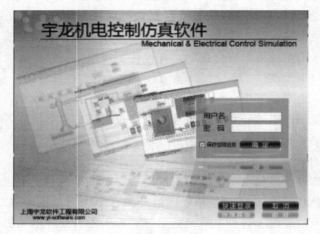

图 3-20　《宇龙机电控制仿真软件》登录界面

管理员用户名：admin；密码：admin；单击确定，以管理员身份登录。

普通用户名：st；密码：st；点击确定，以普通用户身份登录。

快速登录：以普通用户方式登录。

三、新建工程

进入程序后，默认进入的是《宇龙机电控制仿真软件》的"机电控制系统"功能界面，如图 3-21 所示。该界面分为五部分：标题栏、菜单栏、工具栏、元器件库和机电控制仿真区。

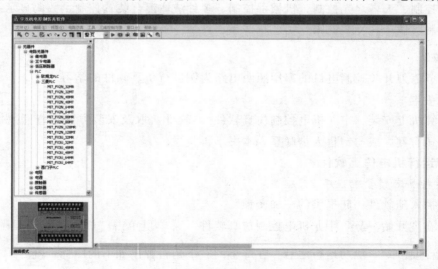

图 3-21　机电控制系统功能主界面

（1）单击"文件"→"新建"子菜单，建立新的仿真文件，此时的新文件并未命名及存盘，如图 3-22 所示。

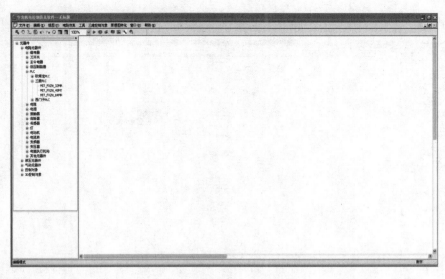

图 3 - 22　新建仿真文件

（2）点击"文件"→"保存"或"另存为"子菜单，显示如图 3 - 23 所示的存盘界面，选中存盘路径并给文件命名，文件保存类型默认为.ylp 格式。

图 3 - 23　仿真文件保存

四、编辑仿真电路

1. 分析系统的组成

通过分析控制要求，该系统用到了交流 220V 电源、1 个刀开关和 1 只电灯。

2. 在仿真平台上添加元器件

（1）到元器件选择区中电源栏下，选取单相交流电源，单击"两线制"选项，将鼠标移动至机电控制仿真平台的合适位置，单击鼠标左键，添加电源，如图 3-24 所示。

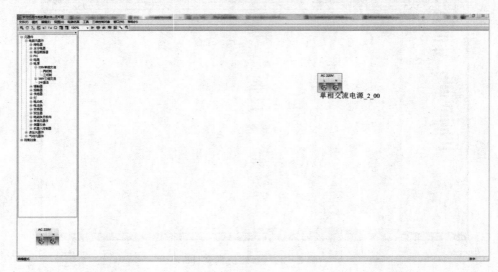

图 3-24 添加电源

（2）单击元件选择区中"主令电器"→"刀开关"下的"单刀单掷开关"，将鼠标移动至机电控制仿真平台中的合适位置，单击鼠标左键，添加刀开关，如图 3-25 所示。

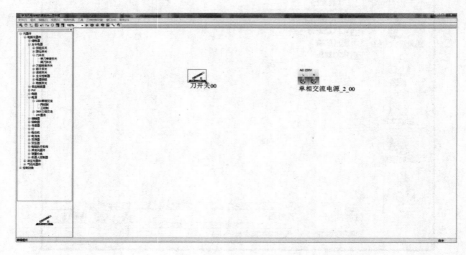

图 3-25 添加刀开关

（3）单击元器件选择区中"灯"→"常用灯源"→"白炽灯"，将鼠标移动至电路编辑区中的合适位置，单击鼠标左键，添加灯，如图 3-26 所示。

3. 元器件布局

鼠标单击工具栏中的![icon]，将鼠标移动在元件上，左键单击元器件不放，移动鼠标，将元器件摆放到合适的位置。如果需要对元器件旋转时，先把鼠标的状态点击![icon]变为选

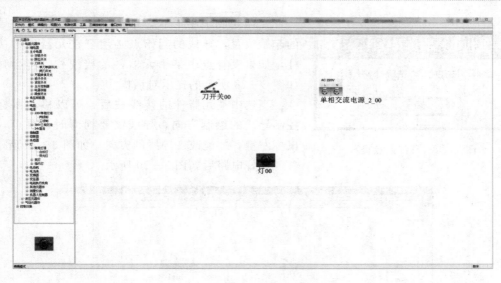

图 3 – 26　添加白炽灯

择状态，对要旋转的元件单击，选择要旋转的器件，在单击工具栏中的 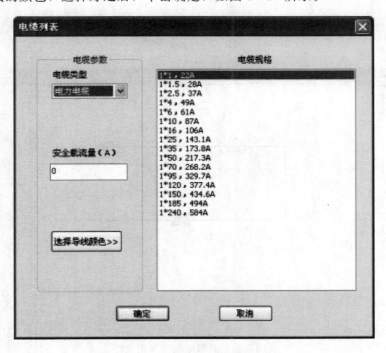，就可完成器件的旋转。

4. 电路连线

鼠标单击工具条中的 按钮，弹出下列对话框，根据系统的要求选择电缆类型、电缆规格和导线的颜色，选择好之后，单击确定，如图 3 – 27 所示。

图 3 – 27　选择线型

图 3-28　导线起点提示

光标变成十字形状，单击鼠标左键，确定导线的起始位置，导线的起始点必须要在元器件的接线柱，如果没有点中某个元器件的接线柱，将会弹出如图 3-28 所示的提示对话框。

当选中某元器件的接线柱后，可以移动鼠标来控制导线的绘制方向，导线需要拐弯时，要点一下鼠标左键，才能改变导线的方向，如图 3-29 所示。

连好电路后如图 3-30 所示。

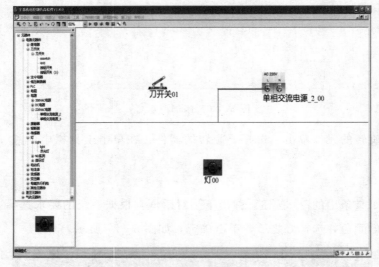

图 3-29　绘制导线

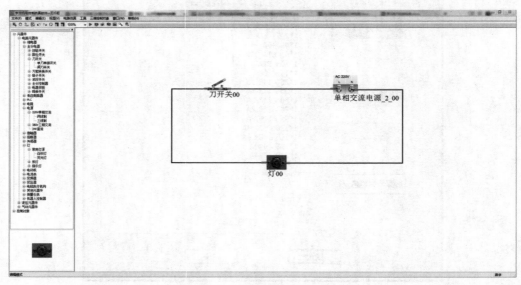

图 3-30　照明电路仿真完成图

　　单击工具栏中 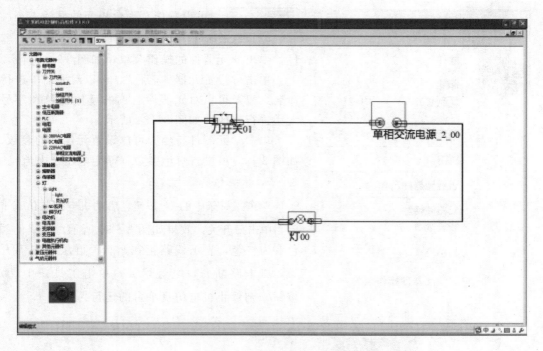 按钮，设置为选择状态，如对电路编辑区中某元器件的位置还不满意，可以单击该元器件内部选中该元器件，然后移动鼠标来移动元器件的位置。

　　5. 视图切换

　　鼠标单击工具栏中的 🔄，可以切换视图，查看元器件的接线图，再次单击回到器件的实物图，如图 3－31 所示。

图 3－31　视图切换界面

　　对于带有很多触点的元器件，可以通过"试图切换"功能了解该元器件的内部接线图，保证线路的连接是正确的。图 3－32 为接触器实物图和接线图对比。

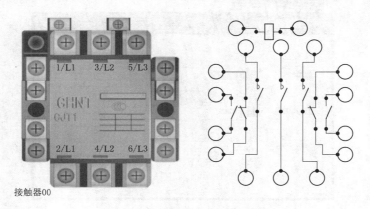

图 3－32　接触器实物图和接线图对比

6. 其他功能

（1）删除：利用工具栏中的 🗑，可以完成元器件和导线的删除。先把鼠标的状态单击 ⌨ 变为选择状态，单击要删除的器件或导线进行选中，再单击工具栏中的 🗑，就可完成器件或导线的删除。

图 3-33　元器件操作菜单

（2）视图缩放：单击工具栏中的 75%▾，可设置仿真平台界面的显示大小。

（3）修改元器件名称及特性：右键单击元器件，弹出此元器件的操作菜单，如图 3-33 所示。

单击"设置元器件名称"，可以对元器件进行命名，以及可以对元器件名称的字体颜色和字号大小进行修改，如图 3-34 所示。

单击"元器件特性"可已设置元器件的参数。如图 3-35 可设置灯泡参数（额定电压及电流）。

7. 系统仿真运行

单击工具条中的 ▶ 按钮，启动机电控制仿真平台，单击刀开关，效果如图 3-36 所示。导线的颜色变为红色，表示线路正在运行。再次单击刀开关，则电路断开，电灯熄灭。单击工具条中 ⓘ 按钮，则停止机电仿真平台的运行。

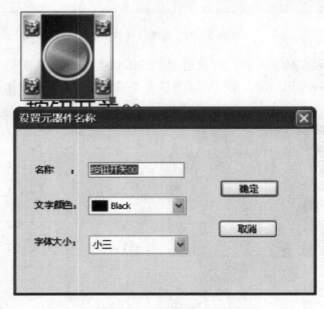

图 3-34　元器件修改名称

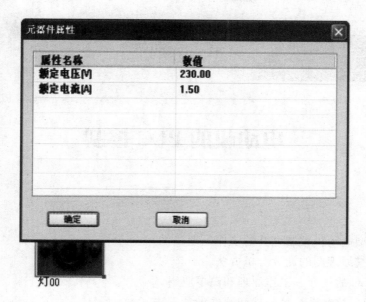

图 3-35　元器件修改参数

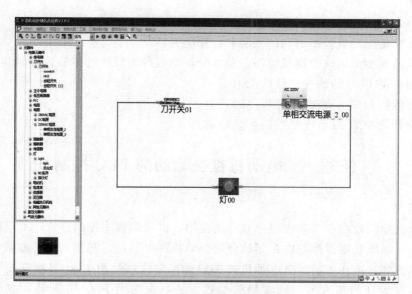

图 3-36　系统仿真运行效果图

电动机的 PLC 控制

【内容要点】

1. 熟悉典型电动机控制电路的工作原理。
2. 理解电气原理图的阅读分析方法。
3. 了解 PLC 的概念、工作原理和简单应用。
4. 熟悉 PLC 控制系统的软件和硬件设计方法。

【能力目标】

1. 具备典型的电动机控制电路的分析和能力。
2. 具备常用电动机控制电路的安装和检修能力。
3. 能读懂典型的电气控制线路图、具备分析电气控制线路的控制过程的能力。
4. 使用三菱 PLC 的编程软件的能力。
5. 独立编制和联机调试 PLC 程序的能力。
6. 能设计简单的 PLC 电气控制系统的能力。

任务一 电动机直接启动的 PLC 控制

【任务导入】

随着电气控制技术在工业控制中的广泛应用，以可编程序控制器（PLC）作为电脑程式控制核心与继电接触器控制电路相结合的自动控制电器，因其强大的功能成为现代工业控制的技术支柱，本任务通过对电动机直接启动控制线路改用 PLC 来实现控制，阐述了 PLC 控制系统设计的基本步骤和常用的编程方法，说明用 PLC 实现电力拖动线路的控制，同一个控制要求会有多种解决思路及方案。

【知识预备】

可编程序控制器（Programmadie Logic Controller，PLC）是在继电控制基础上发展起来的以微处理器为核心的通用自动控制装置，它所展示的灵活的线路设计方法和强大的功能使其在工业控制系统中的应用越来越广泛。

一、PLC 的概念、结构和工作原理

PLC 是一种具有微处理器的用于自动化控制的数字运算控制器，可以将控制指令随

时载入内存进行储存与执行。可编程控制器由 CPU、指令及数据内存、输入/输出接口、电源、数字模拟转换等功能单元组成。早期的可编程逻辑控制器只有逻辑控制的功能，所以被命名为可编程逻辑控制器，后来随着不断地发展，这些当初功能简单的计算机模块已经有了包括逻辑控制、时序控制、模拟控制、多机通信等各类功能，名称也改为可编程序控制器。

（一）PLC 的起源和发展

美国汽车工业生产技术要求的发展促进了 PLC 的产生，20 世纪 60 年代，美国通用汽车公司在对工厂生产线调整时，发现继电器、接触器控制系统修改难、体积大、噪声大、维护不方便以及可靠性差，于是提出了著名的"通用十条"招标指标。

在 1969 年，美国数字化设备公司研制出第一台可编程控制器 PDP - 14，在通用汽车公司的生产线上试用后，效果显著；1971 年，日本研制出第一台可编程控制器 DCS - 8；1973 年，德国研制出第一台可编程控制器；1974 年，我国开始研制可编程控制器；1977 年，我国在工业应用领域推广 PLC。

PLC 最初的目的是替代机械开关装置。然而，自从 1968 年以来，其功能逐渐代替了继电器控制板，现代 PLC 具有更多的功能。其用途已经从单一过程控制延伸到整个制造系统的控制和监测。随着电子技术和计算机技术的发生，PC 的功能越来越强大，其概念和内涵也不断扩展。

20 世纪 80 年代至 90 年代中期，是 PLC 发展最快的时期，年增长率一直保持为 30%～40%。在这时期，PLC 在处理模拟量能力、数字运算能力、人机接口能力和网络能力得到大幅度提高，PLC 逐渐进入过程控制领域，在某些应用上取代了在过程控制领域处于统治地位的 DCS 系统。

近年，工业计算机技术和现场总线技术发展迅速，挤占了一部分 PLC 市场，PLC 增长速度出现渐缓的趋势，但其在工业自动化控制特别是顺序控制中的地位，在可预见的将来，是无法取代的。

目前，世界上有 200 多厂家生产 300 多品种 PLC 产品，主要应用在汽车（约 23%）、粮食加工（约 16.4%）、化学/制药（约 14.6%）、金属/矿山（约 11.5%）、纸浆/造纸（约 11.3%）等行业。

（二）典型的 PLC 产品

1. 国外品牌及产品

施耐德公司，Quantum、Premium、Momentum 等系列产品；罗克韦尔（A - B 公司），SLC、MicroLogix、Control Logix 等系列产品；西门子公司，SIMATIC S7 - 400/300/200 等系列产品；日本欧姆龙、三菱、富士、松下等。

2. 国内产品

目前在我国 PLC 使用率以进口品牌居多，但近几年国产化 PLC 发展迅速，越来越多的中国企业开始关注国产 PLC 品牌，国内 PLC 品牌约 30 种，有代表性的、较强认可度的品牌有汇川、信捷、台达、和利时等。

虽然我国在 PLC 生产方面与国外品牌有一定差距，但在 PLC 应用方面，我国是很活跃的，近年来每年约新投入 10 万台套 PLC 产品，年销售额超过 30 亿元，应用的行业也非常广。

在我国，一般按 I/O 点数将 PLC 分为以下级别：

微型：32 I/O 点

小型：256 I/O 点

中型：1024 I/O 点

大型：4096 I/O 点

巨型：8192 I/O 点

在我国应用的 PLC 系统中，I/O 64 点以下 PLC 销售额约占整个 PLC 的 47％，64～256 点的占 31％，合计占整个 PLC 销售额的 78％。

我国的 PLC 供应渠道，主要有制造商、分销商（代理商）、系统集成商、OEM 用户、最终用户。其中，大部分 PLC 是通过分销商和系统集成商达到最终用户的。

（三）PLC 的用途及发展趋势

1. 用途

顺序控制、运动控制、过程控制、数据处理、通信和联网。

2. 发展趋势

随着 PLC 应用领域日益扩大，PLC 技术及其产品结构都在不断改进，功能日益强大，性价比越来越高。

（1）在产品规模方面，向两极发展。

一方面，大力发展速度更快、性价比更高的小型和超小型 PLC。以适应单机及小型自动控制的需要；另一方面，向高速度、大容量、技术完善的大型 PLC 方向发展。随着复杂系统控制的要求越来越高和微处理器与计算机技术的不断发展，人们对 PLC 的信息处理速度要求也越来越高，求用储存容量也在逐渐变大

（2）向通信网络化发展。

PLC 网络控制是当前控制系统和 PLC 技术发展的潮流。PLC 与 PLC 之间的联网通信、PLC 与上位计算机的联网通信已得到广泛应用。目前，PLC 制造商都在发展自己专用的通信模块和通信软件以加强 PLC 的联网能力。各 PLC 制造商之间也在协商指定通用的通信标准，以构成更大的网络系统。PLC 已成为集散控制系统（DCS）不可缺少的组成部分。

（3）向模块化、智能化发展。

为满足工业自动化各种控制系统的需要，近年来，PLC 厂家先后开发了不少新器件和模块，如智能 I/O 模块、温度控制模块和专门用于检测 PLC 外部故障的专用智能模块等，这些模块的开发和应用不仅增强了功能，扩展了 PLC 的应用范围，还提高了系统的可靠性。

（4）编程语言和编程工具的多样化和标准化。

多种编程语言的并存、互补与发展是 PLC 软件进步的一种趋势。PLC 厂家在使硬件及编程工具换代频繁、丰富多样、功能提高的同时，日益向 MAP（制造自动化协议）靠拢，使 PLC 的基本部件，包括输入输出模块、通信协议、编程语言和编程工具等方面的

技术规范化和标准化。

（四）PLC 的结构及工作原理

1. 结构

市面上的 PLC 品牌种类繁多，功能和指令系统也各不相同，但是基本结构和工作原理都是大同小异，主要由 CPU、电源、储存器、输入输出接口电路、扩展通信接口电路等组成，如图 4 - 1 所示。

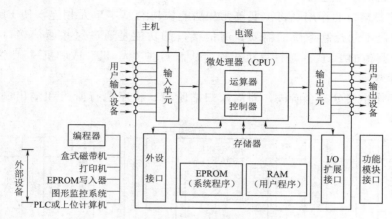

图 4 - 1 PLC 基本结构框图

（1）CPU。

中央处理器单元（CPU）一般由控制器、运算器和寄存器组成。CPU 通过地址总线、数据总线、控制总线与储存单元、输入输出接口、通信接口、扩展接口相连。CPU 是 PLC 的核心，它不断采集输入信号，执行用户程序，刷新系统输出。

（2）存储器。

PLC 的存储器包括系统存储器和用户存储器两种。系统存储器用于存放 PLC 的系统程序，用户存储器用于存放 PLC 的用户程序。PLC 一般均采用可电擦除的 E2PROM 存储器来作为系统存储器和用户存储器。

（3）电源。

PLC 一般使用 220V 交流电源或 24V 直流电源，内部的开关电源为 PLC 的中央处理器、存储器等电路提供 5V、12V、24V 直流电源，使 PLC 能正常工作。

（4）输入输出（I/O）接口电路。

PLC 的输入接口电路的作用是将按钮、行程开关或传感器等产生的信号输入 CPU；PLC 的输出接口电路的作用是将 CPU 向外输出的信号转换成可以驱动外部执行元件的信号，以便控制接触器线圈等电器的通、断电。PLC 的输入输出接口电路一般采用光耦合隔离技术，可以有效地保护内部电路。

1）输入接口电路。

PLC 的输入接口电路可分为直流输入电路和交流输入电路。直流输入电路的延迟时间比较短，可以直接与接近开关，光电开关等电子输入装置连接；交流输入电路适用于在有油雾、粉尘的恶劣环境下使用。交流输入电路和直流输入电路类似，外接的输入电源改为 220V 交流电源。

2）输出接口电路。

输出接口电路通常有 3 种类型：继电器输出型、晶体管输出型和晶闸管输出型。继电器输出型、晶体管输出型和晶闸管输出型的输出电路类似，只是晶体管或晶闸管代替继电器来控制外部负载。

（5）扩展通信接口电路。

PLC 的扩展接口的作用是将扩展单元和功能模块与基本单元相连，使 PLC 的配置更加灵活，以满足不同控制系统的需要；通信接口的功能是通过这些通信接口可以和监视器、打印机、其他的 PLC 或是计算机相连，从而实现"人-机"或"机-机"之间的对话。

2. 工作原理

PLC 的工作主要分三个阶段，即输入扫描阶段、程序执行阶段和输出刷新阶段，如图 4 - 2 所示。

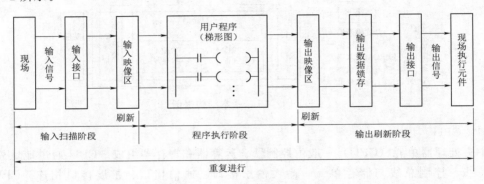

图 4 - 2　PLC 的扫描工作过程

（1）输入采样阶段。

在输入采样阶段，PLC 以扫描方式依次读入所有输入状态和数据，并将它们存入 I/O 映象区中的相应单元内。输入采样结束后，转入用户程序执行和输出刷新阶段。

在这两个阶段中，即使输入状态和数据发生变化，I/O 映象区中相应单元的状态和数据也不会改变。因此，如果输入的是脉冲信号，则该脉冲信号的宽度必须大于一个扫描周期，才能保证在任何情况下，该输入均能被读入。

（2）程序执行阶段。

在用户程序执行阶段，PLC 总是按由上而下的顺序依次扫描用户程序（梯形图）。在扫描每一条梯形图时，又总是先扫描梯形图左边由各触点构成的控制线路，并按先左后右、先上后下的顺序对由触点构成的控制线路进行逻辑运算；然后根据逻辑运算的结果，刷新该逻辑线圈在系统 RAM 存储区中对应位的状态，或者刷新该输出线圈在 I/O 映象区中对应位的状态，或者确定是否要执行该梯形图所规定的特殊功能指令。

在这个过程中，只有输入点在 I/O 映象区内的状态和数据不会发生变化，而其他输出点和软设备在 I/O 映象区或系统 RAM 存储区内的状态和数据都有可能发生变化，而且排在上面的梯形图，其程序执行结果会对排在下面的凡是用到这些线圈或数据的梯形图起作用；相反，排在下面的梯形图，其被刷新的逻辑线圈的状态或数据只能到下一个扫描周期才能对排在其上面的梯形图起作用。

（3）输出刷新阶段。

当用户程序扫描结束后，PLC 就进入输出刷新阶段。在此期间，CPU 按照 I/O 映象区内对应的状态和数据刷新所有的输出锁存电路，再经输出电路驱动相应的外设。这时，才是 PLC 的真正输出。

二、三菱 FX 系列可编程控制器

三菱 FX 系列 PLC，是日本三菱电机公司生产的小型系列 PLC。主要分 FX_{3G}、FX_{3U}、FX_{2N}、FX_{1N}、FX_{1S} 等系列。FX 系列 PLC 特点是一体机、高处理，可达 365 点开关量控制等。本任务以 FX_{2N} 系列 PLC 为例进行介绍。三菱 FX_{2N} 系列可编程控制器如图 4-3 所示。

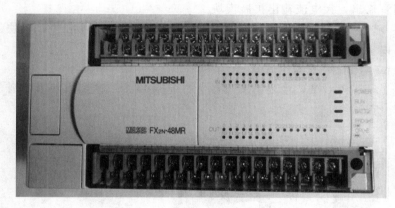

图 4-3 三菱 FX_{2N} 系列可编程控制器

（一）FX_{2N} 系列 PLC 简介

1. FX_{2N} 系列 PLC 的命名

在 PLC 的正面，一般都有表示该 PLC 型号的符号，通过阅读该符号即可以获得该 PLC 的基本信息。FX 系列 PLC 的型号命名基本格式如图 4-4 所示。

单元类型：

M—基本单元；

E—输入输出混合扩展单元及扩展模块；

EX—输入专用扩展模块；

EY—输出专用扩展模块。

输出形式：

R—继电器输出；

T—晶体管输出；

S—晶闸管输出。

特殊品种区别：

D—DC 电源，DC 输入；

A1—AC 电源，AC 输入；

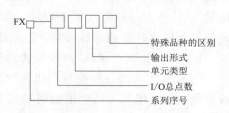

图 4-4 FX 系列可编程控制器
型号命名规则

H—大电流输出扩展模块（1A/1 点）；

V—立式端子排的扩展模块；

C—接插口输入输出方式；

F—输入滤波器 1ms 的扩展模块；

L—TTL 输入扩展模块；

S—独立端子（无公共端）扩展模块。

若特殊品种一项无符号，说明通指 AC 电源、DC 输入、横排端子排；继电器输出：2A/点；晶体管输出：0.5A/点；晶闸管输出：0.3A/点。

例如：FX$_{2N}$ - 48MRD 含义为 FX$_{2N}$ 系列，输入输出总点数为 48 点，继电器输出，DC 电源，DC 输入的基本单元。又如 FX - 4EYSH 的含义为 FX 系列，输入点数为 0 点，输出 4 点，晶闸管输出，大电流输出扩展模块。

FX 还有一些特殊的功能模块，如模拟量输入输出模块、通信接口模块及外围设备等，使用时可以参照 FX 系列 PLC 产品手册。

2. FX$_{2N}$ 系列 PLC 的基本组成

三菱 FX$_{2N}$ 系列 PLCPLC 主要由基本单元、扩展单元、扩展模块及特殊功能模块组成，如图 4 - 5 所示。

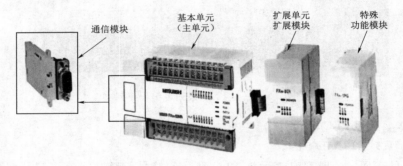

图 4 - 5 三菱 FX$_{2N}$ 系列 PLC 结构组成

基本单元是 PLC 的控制核心，也称主单元，主要由 CPU、存储器、输入接口、输出接口及电源等构成，是 PLC 硬件系统中的必选单元。扩展单元是用于增加 PLC 的 I/O 点数及供电电流的一个独立的扩展设备，内部有电源无 CPU，通常接在 PLC 基本单元的扩展接口或扩展插槽上。扩展模块是用于增加 PLC 的 I/O 点数及改变 I/O 比例的装置，内部无电源和 CPU，需要与基本单元配合使用，由基本单元或扩展单元供电。特殊功能模块是 PLC 中的一种专用扩展模块，如模拟量 I/O 模块、通信扩展模块、温度控制模块、定位控制模块、高速计数模块、热电偶温度传感器输入模块、凸轮控制模块等。

（二）FX$_{2N}$ 系列 PLC 的编程软元件

PLC 所实现的各种控制功能是通过用户程序来表达控制过程中各对象间的逻辑关系或控制关系，编程人员要根据用户控制要求进行程序的编制。PLC 内部设置了各种程序编制时所需要的逻辑器件和运算器件（能方便的代表控制过程中各个事物的元器件），这就是"编程软元件"。

编程时，用户只需要记住软元件的地址即可。每个软元件都有一个地址与之一一对应。PLC 内部根据软元件的功能不同，分成了许多区域，如输入继电器 X、输出继电器 Y、定时器 T、计数器 C、辅助继电器 M 等。当有多个同类软元件时，在区域号字母的后面加以数字编号，该数字也是元件的存储地址。其中输入继电器和输出继电器用八进制数字编号，其他均采用十进制数字编号。

1. 输入继电器 X

输入继电器也就是输入映像寄存器。如图 4－6 所示，每个 PLC 的输入端子都对应一个输入继电器，它用于接收外部的开关信号，其状态仅由其对应的输入端子的状态决定。在程序中其常开触点闭合，常闭触点断开。这些触点可以编程时任意使用，使用次数不受限制。

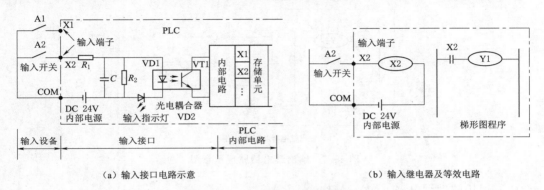

（a）输入接口电路示意　　　　　　　　　　（b）输入继电器及等效电路

图 4－6　输入继电器原理示意图

FX 系列 PLC 的输入继电器以八进制数字进行编号，FX_{2N} 输入继电器的编号范围为 X000～X267（184 点）。需要注意的是，基本单元的输入继电器的编号是固定的，扩展单元和扩展模块的输入继电器是按离基本单元最近的数开始编号的。例如，基本单元 FX_{2N}－64M 的输入继电器编号为 X000～X037（32 点），如果接有扩展单元或扩展模块，则扩展的输入继电器从 X040 开始编号。

2. 输出继电器 Y

输出继电器也就是输出映像寄存器，如图 4－7 所示，每个 PLC 的输出端子对应一个输出结果。当 CPU 通过程序使得输出继电器线圈"得电"时，PLC 上的输出端开关闭合，它可以作为控制外部负载的开关信号。在程序中其常开触点闭合，常闭触点断开。这些触点可以在编程时任意使用，使用次数不受限制。输出继电器的线圈只能用于程序中，而不能用于直接驱动外部负载。

在 PLC 内部，输出映像寄存器与输出端子之间还有一个输出锁存器。在每个扫描周期的输入采样、程序执行等阶段，并不把输出结果信号直接送到输出锁存器，而是送到输出映像存储器，只有在每个扫描周期的末尾才将输出映像寄存器中的结果信号几乎同时送到输出锁存器，对输出点进行刷新。

3. 辅助继电器 M

一般的辅助继电器与继电器控制系统中的中间继电器相似。辅助继电器不能直接驱动外部负载。辅助继电器采用 M 与十进制数字共同组成编号。

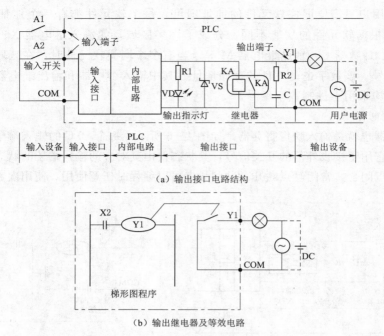

（a）输出接口电路结构

（b）输出继电器及等效电路

图 4-7 输出继电器原理示意图

（1）通用辅助继电器（M0～M499）。

FX$_{2N}$ 系列共有 500 点通用辅助继电器。通用辅助继电器在 PLC 运行时，如果电源突然断电，则全部线圈均为 OFF。当电源再次接通时，除了因外部输入信号而变为 ON 的以外，其余仍将保持 OFF 状态，它们没有断电保护功能。通用辅助继电器常在逻辑运算中作辅助运算、状态暂存、移位等。根据需要可通过程序设定，将 M0～M499 变为断电保持辅助继电器。

（2）断电保持辅助继电器（M500～M3071）。

FX$_{2N}$ 系列有 M500～M3071 共 2572 个断电保持辅助继电器。它与普通辅助继电器不同的是具有断电保护功能，即能记忆电源中断瞬时的状态，并在重新通电后再现其状态。它之所以能在电源断电时保持其原有的状态，是因为电源中断时用 PLC 中的锂电池保持其映像寄存器中的内容。其中 M500～M1023 可由软件将其设定为通用辅助继电器。

（3）特殊辅助继电器。

PLC 内有大量的特殊辅助继电器，它们都有各自的特殊功能。FX$_{2N}$ 系列中有 256 个特殊辅助继电器，可分成触点型和线圈型两大类。

触点型特殊辅助继电器的触点为只读型，用户可读取该触点来监视 PLC 的运行或获取时钟等状态。例如：

M8000：运行监视器（在 PLC 运行中接通），M8001 与 M8000 的逻辑相反。

M8002：初始脉冲（仅在 PLC 从 STOP 到 RUN 时，瞬时接通一个扫描周期），M8003 与 M8002 的逻辑相反。

M8011、M8012、M8013 和 M8014 分别是产生 10ms、100ms、1s 和 1min 时钟脉冲

的特殊辅助继电器。

线圈型辅助继电器由用户程序驱动线圈后 PLC 执行特定的动作。例如：

M8033：若使其线圈得电，则 PLC 停止时保持输出映像存储器和数据寄存器内容。

M8034：若使其线圈得电，则将 PLC 的输出全部禁止。

M8039：若使其线圈得电，则 PLC 按 D8039 中指定的扫描时间工作。

4. 定时器 T

定时器又称计时器，用于时间控制。根据设定时间值与当前时间值的比较，使定时器触点动作，也可以将当前时间值作为数值读取用于控制。不使用的定时器，可用做数据寄存器。计时器对 PLC 内部的 1ms、10ms 和 100ms 等时钟进行计数，并将计数值存储于当前时间值寄存器中，在当前时间值寄存器中的数值不小于时间设定值寄存器中的设定值时，该定时器触点动作。FX$_{2N}$ 系列 PLC 定时器类型见表 4-1。

表 4-1 　　　　　　　　　　　　　　**FX$_{2N}$ 系列 PLC 定时器类型**

定时器类型	地址范围	计时范围
100ms 定时器	T0～T199（200 点）	0.1～3276.7s
10ms 定时器	T200～T245（46 点）	0.01～327.67s
1ms 积算定时器	T246～T249（4 点）	0.001～32.767s
100ms 积算定时器	T250～T255（6 点）	0.1～3276.7s

定时器的定时常数可采用立即数设定，也可用数据寄存器 D 间接寻址方法设定。

立即数设定如图 4-8 所示。当 X003＝ON，则将十进制整数 K100 赋予定时器 T10 的时间设定值寄存器，同时启动 T10 定时器，对 PLC 内部的 100ms 时基进行计数。

间接寻址方法设定如图 4-9 所示。当 X001＝ON，则将十进制整数 K100 赋予数据寄存器 D5，当 X003＝ON，将 D5 的数值（K100）赋予定时器 T10 的时间设定值寄存器，同时启动 T10 定时器，对 PLC 内部的 100ms 时基进行计数。

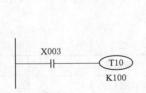
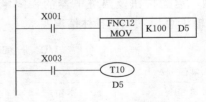

图 4-8　定时器的立即数设定　　　图 4-9　定时器的间接寻址方法设定

FX$_{2N}$ 系列 PLC 的定时器分为通用定时器和积算型定时器两类。

通用定时器的特点是不具备断电保持功能，即当输入电路断开或停电时定时器复位。通用定时器有 100ms 和 10ms 两种。

积算型定时器具有计数累积的功能。在定时过程中如果断电或定时器线圈变为 OFF，积算型定时器将保持当前值，通电或定时器线圈变为 ON 后继续累积，只有将积算型定时器复位，其当前值才变为 0。

5. 计数器 C

计数器用于对 X、Y、M、S、T 和 C 等变量元件的触点通断次数进行计数。计数器与定时器相同，可以根据设定计数值与当前计数值的比较结果输出触点信号，也可以读取计数器的当前值用于控制。不使用的计数器，可用做数据寄存器。

FX_{2N} 系列计数器分为内部计数器和高速计数器两类。

内部计数器是在执行扫描操作时对内部信号（如 X、Y、M、S、T 等）进行计数。内部输入信号的接通和断开时间应比 PLC 的扫描周期稍长。

1) 16 位增计数器（C0～C199）共 200 点。这类计数器为递加计数，应用前先对其设置一设定值，当输入信号（上升沿）个数累加到设定值时，计数器动作，即其常开触点闭合、常闭触点断开。计数器的设定值为 1～32767（16 位二进制）。设定值除了用常数 K 设定外，还可间接通过指定数据寄存器设定。

2) 32 位增/减计数器（C200～C234）共有 35 点，其中 C200～C219（共 20 点）为通用型，C220～C234（共 15 点）为断电保持型。这类计数器与 16 位增计数器除位数不同外，还在于它能通过控制实现加/减双向计数。设定值范围均为 - 2147483648～+2147483647（32 位）。

高速计数器与内部计数器相比除允许输入频率高之外，应用也更为灵活。高速计数器均有断电保持功能，通过参数设定也可变成非断电保持。FX_{2N} 有 C235～C255 共 21 点高速计数器。适合用来作为高速计数器输入的 PLC 输入端口有 X000～X007。X000～X007 不能重复使用，即某一个输入端已被某个高速计数器占用，则既不能再用于其他高速计数器，也不能用作他用。

【任务实施】

一、电动机直接启动的 PLC 控制

1. 分配 I/O 端子

根据控制要求，分配 PLC 的各输入/输出点所连接的设备和器件，并列出输入/输出端子分配表（即 I/O 分配表），按照电动机直接启动控制要求，输入端有三个输入信号（停止按钮、启动按钮及热继电器的常闭触点）和一个输出设备（工作接触器线圈），PLC 的输入/输出总计 4 个，具体情况见表 4 - 2。

表 4 - 2   I/O 分 配 情 况

输入设备	输入端子	输出设备	输出端子
停止按钮 SB1	X000	工作接触器 KM	Y0
启动按钮 SB2	X001		
热继电器常闭触点 FR	X002		

2. 硬件电路图

PLC 控制电动机直接启动线路硬件电路图如图 4 - 10 所示，左侧的主电路与继电接触器控制的主电路相同，右侧为 PLC 控制电路。

3. 编制于调试程序

（1）梯形图设计。

按照控制要求：按启动按钮 SB2，电动机启动运行，按停止按钮 SB1 或者热继电器 FR 动作，电动机停止，典型的"启动-保持-停止"的电路，梯形图如图 4 - 11 所示。

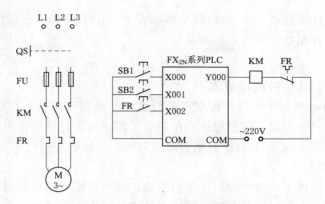

图 4-10　PLC 控制电动机直接启动硬件电路图

图 4-11　PLC 控制电动机直接启动梯形图

（2）指令表

针对电动机直接启动的梯形图的指令表见表 4-3。

表 4-3　　　　　　　　　电动机直接启动 PLC 控制指令表

序号	指　　令	序号	指　　令
1	LD X001	4	ANI X002
2	OR Y000	5	OUT Y000
3	ANI X000	6	END

（3）系统调试。

1）完成接线并检查。

2）输入并运行程序，监控程序运行状态，分析运行结果。

3）程序符合要求后，接通主电路电源进行通电调试。

【职业技能知识点考核】

启-保-停线路的安装与调试。

任务二　电动机正反转的 PLC 控制

【任务导入】

在工业控制中，生产机械需要改变不同的运动方向，如机器人、机床、电梯、起重机、台钻等，那样的话就会需要通过改变电动机的旋转方向（正反转），进而实现生产机械的方向控制。本任务通过 PLC 控制两个接触器 KM1 和 KM2，不同的相序不同的时间内工作，进而实现控制电动机的正转和反转。

【知识预备】

一、FX$_{2N}$ 系列 PLC 的编程语言

PLC 的程序由系统程序和用户程序两部分组成。系统程序是出厂前生产厂家就固话写入在机内，供用户来调用；用户程序是用户通过程序编制软件制作出来控制外部对象运作的应用程序。不同 PLC 产品的编程语言有所不同，大体上分为以下五种类型。

1. 梯形图（LAD）

梯形图语言简单明了，易于理解，是目前应用最为广泛的编程语言。它是从继电接触器控制电路图演化而来，是一种利用各种图形符号的组合来实现相互之间的逻辑关系的一种编程语言，梯形图可以将继电接触器控制电路图大大简化，同时还能提供功能强大、使用灵活的指令，如图 4 - 12 所示。

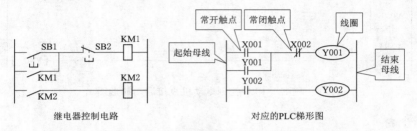

图 4 - 12　继电接触器控制电路与 PLC 梯形图对比

梯形图编程语言的特点是：与电气操作原理图相对应，具有直观性和对应性；与原有继电器控制相一致，电气设计人员易于掌握。

梯形图编程语言与原有的继电器控制的不同点是，梯形图中的能流不是实际意义的电流，内部的继电器也不是实际存在的继电器，应用时，需要与原有继电器控制的概念区别对待。

梯形图编程一般遵循以下规则：

（1）程序从左母线开始，按照自上而下，自左至右的顺序编程。

（2）编程时每个元件都要有标号，表示其地址。

（3）线圈或指令盒不能直接和左母线相连，触点不能放在线圈的右侧，两个线圈不能串联。

（4）适当的安排程序步，以减少程序步数。串联多的电路应尽量放在上面，并联多的支路应靠近左母线。

（5）触点不能画在垂直线上。

（6）避免使用同一编号的线圈。

（7）输入输出触点和外部接线对应。

2. 指令表（STL）

指令表程序设计语言类似于计算机汇编语言的助记符来描述程序的一种编程语言，它是 PLC 最基础的编程语言。在无计算机、无法使用梯形图编程的情况下，适合采用手持

编程器对用户程序进行编制。同时，指令表编程语言与梯形图编程语言图一一对应，在 PLC 编程软件下可以相互转换。

指令表表编程语言的特点是：采用助记符来表示操作功能，具有容易记忆，便于掌握；在手持编程器的键盘上采用助记符表示，便于操作，可在无计算机的场合进行编程设计；与梯形图有一一对应关系。其特点与梯形图语言基本一致。

3. 顺序功能图（SFC）

顺序功能图是为了满足顺序逻辑控制而设计的编程语言。编程时将顺序流程动作的过程分成步和转换条件，根据转移条件对控制系统的功能流程顺序进行分配，一步一步地按照顺序动作。每一步代表一个控制功能任务，用方框表示。在方框内含有用于完成相应控制功能任务的梯形图逻辑。这种编程语言使程序结构清晰，易于阅读及维护，大大减轻编程的工作量，缩短编程和调试时间。用于系统的规模较大，程序关系较复杂的场合。图 4-13 是一个简单的功能流程编程语言的示意图。

顺序功能流程图编程语言的特点：以功能为主线，按照功能流程的顺序分配，条理清楚，便于对用户程序理解；避免梯形图或其他语言不能顺序动作的缺陷，同时也避免了用梯形图语言对顺序动作编程时，由于机械互锁造成用户程序结构复杂、难以理解的缺陷；用户程序扫描时间也大大缩短。

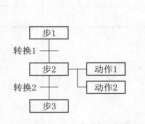

图 4-13　顺序功能图示意图

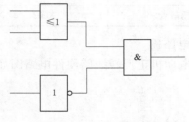

图 4-14　功能块图

4. 功能块图（FDB）

功能模块图语言是与数字逻辑电路类似的一种 PLC 编程语言。采用功能模块图的形式来表示模块所具有的功能，不同的功能模块有不同的功能。图 4-14 是功能模块图编程语言的表达方式。

功能模块图程序设计语言的特点：以功能模块为单位，分析理解控制方案简单容易；功能模块是用图形的形式表达功能，直观性强，对于具有数字逻辑电路基础的设计人员很容易掌握的编程；对规模大、控制逻辑关系复杂的控制系统，由于功能模块图能够清楚表达功能关系，使编程调试时间大大减少。

5. 结构文本（ST）

结构化文本语言是用结构化的描述文本来描述程序的一种编程语言。它是类似于高级语言的一种编程语言。在大中型的 PLC 系统中，常采用结构化文本来描述控制系统中各个变量的关系。主要用于其他编程语言较难实现的用户程序编制。

结构化文本编程语言的特点：采用高级语言进行编程，可以完成较复杂的控制运算；需要有一定的计算机高级语言的知识和编程技巧，对工程设计人员要求较高。直观性和操作性较差。

　　不同型号的 PLC 编程软件对以上五种编程语言的支持种类是不同的，早期的 PLC 仅仅支持梯形图编程语言和指令表编程语言。目前的 PLC 对梯形图、指令表、功能模块图编程语言都以支持。在 PLC 控制系统设计中，要求设计人员不但对 PLC 的硬件性能了解外，也要了解 PLC 对编程语言支持的种类。

【任务实施】

一、分配 I/O 端子

　　根据控制要求，分配 PLC 的各输入/输出点所连接的设备和器件，并列出输入/输出端子分配表（即 I/O 分配表），按照电动机正反转控制要求，输入端有四个输入信号（停止按钮、正转启动按钮、反转启动按钮及热继电器的常闭触点）和两个输出设备（正转接触器和反转基础漆），PLC 的输入/输出总计 6 个，具体情况见表 4-4。

表 4-4　　　　　　　　　　　　　　　I/O 分 配 情 况

输入设备	输入端子	输出设备	输出端子
停止按钮 SB1	X000	正转接触器 KM1	Y0
正转启动按钮 SB2	X001	反转接触器 KM2	Y1
反转启动按钮 SB3	X002		
热继电器常闭触点 FR	X003		

二、硬件电路图

　　PLC 控制电动机正反转线路硬件电路图如图 4-15 所示。

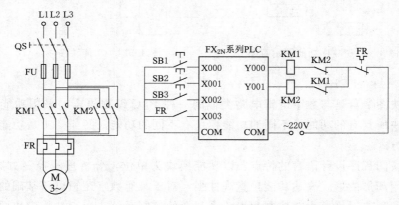

图 4-15　PLC 控制电动机正反转硬件电路图

三、编制与调试程序

　　1. 梯形图设计

　　按照控制要求：按正转启动按钮 SB2，电动机正转启动运行，按停止按钮 SB1 或者热继电器 FR 动作，电动机停止；按反转启动按钮 SB3，电动机反转启动运行，按停止按钮 SB1 或热继电器 FR 动作，电动机停止。正转和反转控制都是典型的"启动-保持-停止"的电路，设计思路是将两个接触器的启保停线路并联在一起，梯形图如图 4-16 所示。

图 4-16 PLC 控制电动机正反转梯形图

2. 指令表

针对电动机正反转的梯形图的指令表见表 4-5。

表 4-5　　　　　　　　电动机正反转 PLC 控制指令表

序号	指　令	序号	指　令
1	LD X001	7	OR Y001
2	OR Y000	8	ANI X000
3	ANI X000	9	ANI X003
4	ANI X003	10	OUT Y001
5	OUT Y000	11	END
6	LD X002	12	

3. 系统调试

（1）完成接线并检查。

（2）输入并运行程序，监控程序运行状态，分析运行结果。

（3）程序符合要求后，接通主电路电源进行通电调试。

任务三　电动机星形-三角形降压启动的 PLC 控制

【任务导入】

电机启动电流近似与定子的电压成正比，因此要采用降低定子电压的办法来限制启动电流，即为降压启动又称减压启动。电动机在实际使用过程中，发现 11kW 以上的电动机就有降压启动的需要。例如风机电动机在启动时 11kW，电流约在 5～8 倍（接近 100A）左右，按正常配置的热继电器根本无法启动（较长的启动时间和较大的启动电流会使热继电器误动作），（关风门也解决不了问题）热继电器配大了又起不了保护电机的作用，所以建议用降压启动。而在一些启动负荷较小的电机上，由于电机到达恒速时间短，启动时电流冲击影响较小，所以在 3kW 左右的电机，选用 1.5 倍额定电流的断路器直接启动，长期工作也不会有问题。

【知识预备】

一、电动机降压启动简介

大功率电动机采用直接启动时，在启动的瞬间会产生较大的启动电流（额定电流的 5～8 倍），较大的启动电流会在配电系统中产生较大的电压降，这样一方面会影响同一网络下的其他电气设备，另一方面由于电压降的存在会使电动机的启动转矩下降而有可能使电动机启动失败。采用降压启动后，将极大地降低启动电流，从而避免对电网产生不利的影响。

但是采用降压启动后，在降低启动电压、启动电流的同时，也会降低电动机的启动转矩，一旦电动机的启动转矩小于传动机械的负载转矩，可能造成电动机无法正常启动。在设计或改造过程中，如采用降压启动，应通过负荷计算及电动机压降校验，同时避免电动机启动时对电网的影响。如果变压器容量或降压启动方式选择不当，也可能会造成电动机无法启动。必要时需要验算所选用的降压启动方式的启动转矩是否大于传动机械的负载转矩。

笼型感应电动机常用的降压启动方式有定子串电阻降压启动、星形-三角形降压启动、自耦变压器降压启动、延边三角形降压启动。

二、笼型感应电动机的星形-三角形降压启动

凡是正常运行时定子绕组接成三角形的笼型感应电动机可采用星形-三角形的降压启动方法来达到限制启动电流的目的。Y 系列的笼型感应电动机 4.0kW 以上者均为三角形连接，都可以采用星形-三角形启动的方法。

1. 工作原理

在启动过程中，将电动机定子绕组接成星形，使电动机每相绕组承受的电压为额定电压的 $1/\sqrt{3}$，启动电流为三角形连接时启动电流的 1/3，如图 4-17 所示，UU′、VV′、WW′ 为电动机的三相绕组，当 KM3 的动合触点闭合，KM2 的动合触点断开时，相当于 U′、V′、W′ 连在一起，为星形连接；当 KM3 的动合触点断开，KM2 的动合触点闭合时，相当于 U 与 V′、V 与 W′、W 与 U′ 连在一起，三相绕组头尾相连，为三角形连接。

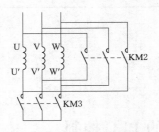

图 4-17　星形-三角形降压启动
接线示意图

2. 控制线路及工作情况

如图 4-18 所示，当合上刀开关 QS 以后，按下启动按钮 SB2，接触器 KM1 线圈 KM3 线圈以及通电延时型时间继电器 KT 线圈通电，电动机接成星形启动；同时通过 KM1 的动合辅助触点自锁，时间继电器开始定时。当电动机接近于额定转速，即时间继电器 KT 延时时间已到，KT 的延时断开动断触点断开，切断 KM3 线圈电路 KM3 断电释放，其主触点和辅助触点复位；同时，KT 的动合延时闭合的触点闭合，使 KM2 线圈通电自锁，主触点闭合，电动机接成三角形运行。时间继电器 KT 线圈也因 KM2 动断触点断开而失电，时间继电器的触点复位，为下一次启动做好准备。图中的 KM2、KM3 动断触点是互锁控制，防止 KM2、KM3 线圈同时通电而造成电源短路。

三相笼型异步电动机星形-三角形降压启动具有投资少、线路简单的优点。但是，在

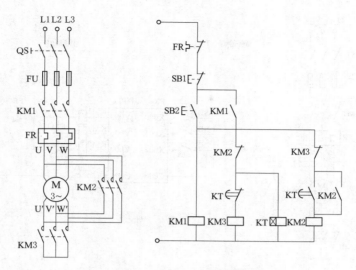

图 4-18 星形-三角形降压启动控制线路

限制启动电流的同时，启动转矩也为三角形直接启动时转矩的 1/3。因此，它只适用于空载或轻载启动的场合。

【任务实施】

一、星形-三角形降压启动的 PLC 控制

1. 分配 I/O 端子

根据控制要求，分配 PLC 的各输入/输出点所连接的设备和器件，并列出输入/输出端子分配表（即 I/O 分配表），按照控制要求，输入端有三个输入信号（停止按钮、启动按钮、及热继电器的常闭触点）和三个输出设备（KM1、KM2 和 KM3），PLC 的输入/输出总计 6 个，具体情况见表 4-6。

表 4-6   I/O 分配情况

输入设备	输入端子	输出设备	输出端子
停止按钮 SB1	X000	电源接触器 KM1	Y0
启动按钮 SB2	X001	角接接触器 KM2	Y1
热继电器常闭触点 FR	X002	星接接触器 KM3	Y2

2. 硬件电路图

PLC 控制电动机星形-三角形降压启动线路硬件电路图如图 4-19 所示。

3. 编制与调试程序

（1）梯形图设计。

按照控制要求：按启动按钮 SB2（X001），KM1（Y000）和 KM3（Y002）两个接触器电动机星接启动，KT（T0）开始计时，启动结束结束 KM3（Y002）断电、KM2（Y001）通电工作，电动机切换为三角形联结运行，按停止按钮 SB1（X000）或者热继电器 FR（X002）动作，电动机停止，梯形图如图 4-20 所示。

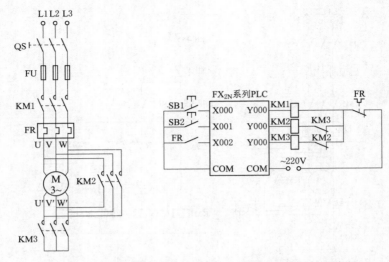

图 4-19　PLC 控制电动机星形-三角形降压启动硬件电路图

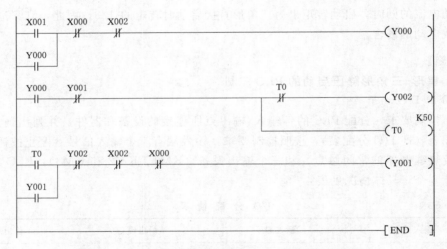

图 4-20　PLC 控制电动机星形-三角形降压启动梯形图

（2）指令表。

针对电动机星形-三角形降压启动的梯形图的指令表见表 4-7。

表 4-7　　　　　　　　　电动机星形-三角形降压启动 PLC 控制指令表

序　号	指　令	序　号	指　令
1	LD X001	6	LD Y000
2	OR Y000	7	ANI Y001
3	ANI X000	8	MPS
4	ANI X002	9	ANI T0
5	OUT Y000	10	OUT Y002

序　号	指　令	序　号	指　令
11	MPP	15	ANI Y002
12	OUT T0 K50	16	ANI X000
13	LD T0	17	OUT Y001
14	OR Y001	18	END

（3）系统调试。

1）完成接线并检查。

2）输入并运行程序，监控程序运行状态，分析运行结果。

3）程序符合要求后，接通主电路电源进行通电调试。

PLC 控 制 实 例

【项目内容】

　　通过自动洗车机的 PLC 控制、十字交通灯的 PLC 控制、病床呼叫控制系统的 PLC 控制、塑料成型板定位系统的 PLC 控制等 4 个任务的设计，介绍功能指令的基本规则及部分常用功能指令的应用，要求掌握数据的传送、运算、变换及程序流程控制等功能指令的应用，实现项目任务控制要求。

【知识目标】

　　1. 了解 FX_{3U} 系列 PLC 的各类功能指令。

　　2. 掌握部分程序流程功能指令的使用规则及应用。

　　3. 掌握传送比较功能指令的使用规则及应用。

　　4. 掌握四则运算逻辑功能指令的使用规则及应用。

　　5. 掌握 7 段数码管显示功能指令的使用规则及应用。

【能力目标】

　　1. 能针对控制要求与机械装置的动作情况，正确应用功能指令，完成控制要求。

　　2. 能根据控制要求完成程序的编写、运行与调试。

任务一　自动洗车机的 PLC 控制

【任务导入】

　　利用 FX_{3U} 系列 PLC 实现自动洗车机的控制。往复式自动洗车机由一台龙门结构的清洗装置在固定轨道上往复运行，实现对停止在轨道内侧的车辆进行自动清洗。

　　自动洗车机的组成如下：洗车机的龙门下方装有交流电动机，能够带动龙门机构在轨道上往复移动；龙门前端顶部装有车辆检测传感器，用于感知下方是否有车辆；洗车机的上方和两侧装有喷淋器和旋转清洗刷，分别由喷淋阀门和交流电机驱动；龙门的外侧有控制面板，控制面板上有启动按钮和急停按钮；龙门顶部装有报警器，当清洁刷电机发生过载时能够进行声光报警；在轨道的原点，装有限位开关，用于检测龙门是否处于初始位置。

【任务描述】

　　自动洗车机具体控制要求如下：

（1）自动洗车机初次上电时，龙门机构自动返回轨道原点。

（2）洗车机在轨道原点位置时，按下启动按钮后，洗车机向左行驶，当车辆检测传感器检测到汽车时，喷水阀和清洗刷同时启动对汽车进行清洗。

（3）当龙门机构前端超出车辆时，车辆传感器将感知不到车辆，传感器上的指示灯熄灭，从此刻开始计时 10s，10s 后洗车机后端也离开了车辆，洗车机停止喷淋与清洗，沿轨道向右行驶，返回原点。

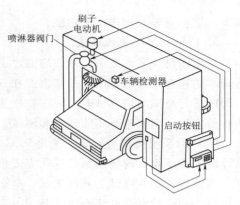

图 5-1　自动洗车机示意图

（4）自动清洗过程中，如按下急停按钮后停止清洗、再次按下启动按钮时，继续工作。当清洗刷驱动电机过载时，报警器会进行声光报警，同时洗车机停止工作。

【知识预备】

一、PLC 控制系统的设计步骤

PLC 作为通用的工业自动控制装置，可应用各种工控场合，要实现一个完整的 PLC 控制系统，一般要按照以下步骤进行设计。

1. 分析控制对象的生产工艺过程及控制要求

首先要充分地了解系统设计的目的及任务要求。比如要控制一台设备，就要了解设备相关的生产工艺以及操作动作；了解设备需要哪些操作装置（如按钮、主令开关）及配备哪些检测单元；了解设备需要哪些执行机构，如电动机的接触器或电磁阀等。同时，还要弄清这些装置间的操作配合及制约关系，并清点接入 PLC 信号的数量及选择合适的机型。

2. 配置硬件，确定输入/输出设备并分配 I/O 点

根据系统的控制要求，选择 PLC 型号、规格，确定 I/O 模块的数量和规格，确定是否选择特殊功能模块，是否选择人机界面、伺服、变频器等，并确定系统所需的全部输入设备（如：按钮、位置开关、转换开关及各种传感器等）和输出设备（如：接触器、电磁阀、信号指示灯及其他执行器等），从而确定与 PLC 有关的输入/输出设备，以确定 PLC 的 I/O 点数，进行 I/O 分配，画出 PLC 的 I/O 点与输入/输出设备的连接图或对应关系表。

3. PLC 硬件线路设计

根据总体方案完成电气控制原理图，并画出系统其他部分的电气线路图，包括主电路和未进入可编程控制器的控制电路等。PLC 的 I/O 连接图和 PLC 外围电气线路图组成系统的电气原理图。

4. PLC 程序设计

程序设计应该根据所确定的总体方案与以及完成的电气原理图，按照所分配好的 I/O 地址，去编写实现控制要求与功能的 PLC 用户程序，注意采用合适的设计方法来设计 PLC 程序。程序要以满足系统控制要求为主线，逐一编写实现各控制功能或各子任务的

程序，逐步完善系统指定的功能。

5. 模拟调试及联机调试

在程序设计完成之后，一般应通过 PLC 编程软件所自带的自诊断功能对 PLC 程序进行基本的检查，排除程序中的错误。在有条件的情况下，应该通过必要的模拟仿真手段，对程序进行模拟与仿真试验。对于初次使用的伺服驱动器、变频器等设备，可以通过检查运行的方法，实现进行离线调整和测试，以缩短现场调试的时间。

PLC 的系统调试是检查、优化 PLC 控制系统硬件、软件设计，提高控制系统安全可靠性的重要步骤。现场调试应该在完成控制系统的安装、连接、用户程序编制后，按照调试前的检查、硬件测试、软件测试、空运行试验、可靠性试验、实际运行试验等规定的步骤进行。调试过程应循序渐进，从 PLC 只连接输入设备、再连接输出设备、再接上实际负载等逐步进行调试。如不符合要求，则对硬件和程序作调整。全部调试完毕后，交付试运行。经过一段时间运行，如果工作正常、程序不需要修改，应将程序固化到 EPROM 中，以防程序丢失。

二、PLC 控制系统的程序设计

1. 程序设计的内容

PLC 控制系统的程序设计就是根据被控对象（机电设备或生产过程）的控制要求及系统功能设计的要求，构建出明确的控制目标、编程依据、技术参数和指标，编制系统控制流程和程序设计说明书，使用 PLC 的编程语言，编辑出能够满足系统控制要求的用户应用程序。

（1）PLC 程序功能的分析和设计。

1）控制功能。控制功能是 PLC 的基本功能，主要依据受控对象和生产工艺要求来设计。根据受控设备的动作时序、精度和控制条件等规定，分析这些规定是否合理、能否实现必要时可修改与之配合的硬件系统，直至所有的控制功能都被证明是可行的为止。

2）操作功能。为了便于操作人员的操作，对较大的 PLC 控制系统还需要有上位机实施监控和管理。系统的规模越大，自动化程度越高，对这部分的要求也越高。

3）自诊断功能。自诊断功能包括 PLC 自身工作状态的自诊断和系统中受控设备工作状态的自诊断。对于前者可利用 PLC 自身的一些信息和手段来完成；对于后者则需通过分析受控设备接收到的控制指令及受控动作的反馈信息，来判断受控设备的工作状态，如果有故障发生可以报警，并可通过计算机显示发生故障的原因以及处理故障的方法和步骤。

（2）程序结构的分析和设计。

程序设计方法是 PLC 程序设计最有效、最基本的方法。程序结构的分析和设计的基本任务就是以模块化程序结构为前提，以系统功能要求为依据，按照相对独立的原则，将全部程序划分为若干程序模块，并为每一模块提供程序规格设计要求说明，使编制出的程序清楚、易读。

（3）编制程序规格说明书。

程序规格说明书应包括技术要求、编制依据等内容，如应用程序的整体功能要求，程序模块功能要求，受控设备及其动作时序、精度、计时（计数）和响应速度要求，输入装置、输入条件、执行装置、输出条件和接口条件，输入模块和输出模块接口或 I/O 分配表等。

根据 PLC 控制系统硬件结构和生产工艺要求，在程序规格说明书的基础上，使用相应的编程语言指令，编写实际应用程序。

2. 程序设计的步骤

PLC 控制系统程序设计一般包括设计程序框图、编写应用程序、调试程序和编写程序设计说明书等几个步骤。

（1）设计程序框图。

设计程序框图的主要工作是根据程序规格说明书的总体要求和控制系统的具体情况确定程序的基本结构，绘制出程序结构框图，然后根据工艺要求，绘制出各功能单元的详细功能框图。框图是编程的主要依据，要尽可能详细，以便对全部控制功能有一个整体概念。对较复杂的控制系统，在设计梯形图程序之前，应根据生产工艺要求先画出控制流程图或时序图，以清楚地表明每步动作的顺序和转换条件，方便 PLC 程序设计。

（2）编写应用程序。

编写应用程序就是根据设计出的框图逐条地编写控制程序，这是整个程序设计工作的核心部分。应尽量使用编程软件。梯形图语言是使用最普遍的编程语言，对初学者来讲，应在熟悉并掌握指令系统及简单编程后，再来编写用户应用程序。在编写用户应用程序过程中，可以借鉴现成的典型控制环节程序或其他控制系统的案例程序。另外，在编写程序过程中，要及时对编写出的程序进行注释，以免忘记其相互间的关系，最好随编随注，以便阅读和调试。

（3）调试程序。

程序的调试是整个程序设计工作中一项很重要的内容，它可以初步检查程序的实际效果。程序调试和程序编写是分不开的，程序的许多功能是在调试中修改和完善的。调试时可先设定输入信号，观察输出信号的变化情况，确认无误后再进行现场调试，必要时可以借用某些仪器、仪表，测试各部分的接口情况，直到满意为止。

（4）编写程序设计说明书。

编写程序设计说明书是对程序的综合说明，是整个程序设计工作的总结。编写程序设计说明书的目的是便于程序的使用者和现场调试人员使用，它是程序文件的组成部分。程序设计说明书一般应包括程序设计的依据、程序的基本结构、功能单元分析、使用的公式和原理、各参数的来源和运算过程、程序调试情况等。

三、PLC 程序设计法——继电器电路转化设计法

可编程控制器用梯形图语言编程，利用继电器控制系统的设计思想来设计可编程控制器的控制程序，也就是用可编程控制器将继电接触器控制电路"移植"到可编程控制器上这就是继电接触器电路转化设计法，简称转化法。

转化法是根据继电接触器线路原理图，用 PLC 对应的符号和 PLC 功能相当的器件，把原来的继电接触器控制电路直接"转换"成梯形图程序的设计方法。利用转化法设计编程控制器程序的主要步骤如下：

（1）熟悉现有的继电接触器控制线路的工作原理，全面详细地了解被控对象的机械工

作性能、基本结构特点、生产工艺和生产过程。

（2）进行 PLC 的 I/O 分配。根据继电接触器控制电路，确定输入、输出设备的型号规格、数量，输出设备与 PLC 的 I/O 端子的对照表。

（3）继电接触器控制电路中的中间继电器、定时器用 PLC 的辅助继电器、定时器代替。

（4）根据继电接触器控制电路对应关系画出梯形图，并予以简化和修改。

这种方法对于简单控制系统是可行的，比较方便。但对较复杂的继电接触器控制电路，用转化法设计反而复杂。这是因为转化法是将原继电接触器控制电路器件的触点与 PLC 的编程符号一一对应而成，这种程序仍束缚于继电接触器控制电路设计思想的狭窄范围内，而且编制的程序往往不能一次通过，需反复调试修改。PLC 为用户提供了继电接触器所不具有的逻辑元件，如许多计数器、移位寄存器和比较器等，同时还提供了顺序控制的步进梯形指令和高级指令等，转化设计法都利用不上这些优势。因此，现在普遍采用顺序法，即状态流程图设计法。只要有详细的流程图，就可不受原继电接触器线路的约束，这样设计起来简单方便，调试也很容易。当然，对局部也可以采用转化法。

四、PLC 程序设计法——经验设计法

经验设计方法也叫试凑法，经验设计方法需要设计者在掌握大量典型电路的基础上，将实际控制问题分解成典型控制电路，然后用典型电路或修改的典型电路拼凑梯形图。

经验设计方法对于一些较简单控制系统的设计可以收到快速、简单的效果。但是由于这种设计方法主要是依靠设计人员的经验进行设计，所以对设计人员的要求比较高，特别是要求设计者有一定的实践经验，对工业控制系统和工业上常用的各种典型环节比较熟悉。对于复杂的系统，经验设计方法一般设计周期长，不易掌握，系统交付使用后维修困难，所以，经验设计方法一般只适合于比较简单的或与某些典型系统相类似的控制系统的设计。

梯形图经验设方法的设计步骤：

（1）分解梯形图程序。将要编制的梯形图程序分解成功能独立的子梯形图程序。

（2）输入信号逻辑组合。利用输入信号逻辑组合直接控制输出信号。在画梯形图时应考虑输出线圈的得电条件、失电条件和自锁条件等，注意程序的启动、停止、连续运行、选择性分支和并行分支。

（3）使用辅助元件和辅助触点。如果无法利用输入信号逻辑组合直接控制输出信号，则需要增加一些辅助元件和辅助触点以建立输出线圈的得电和失电条件。

（4）使用定时器和计数器。如果输出线圈的得电和失电条件中需要定时和计数条件时则使用定时器和计数器逻辑组合建立输出线圈的得电和失电条件。

（5）使用功能指令。如果输出线圈的得电和失电条件中需要功能指令的执行结果作为条件时，则使用功能指令逻辑组合建立输出线圈的得电和失电条件。

（6）画互锁条件。画出各个输出线圈之间的互锁条件，互锁条件可以避免同时发生互相冲突的动作。

（7）画保护条件。保护条件可以在系统出现异常时，使输出线圈的动作保护控制系统和生产过程。

在设计梯形图程序时,要注意先画基本梯形图程序,当基本梯形图程序的功能能够满足要求后,再增加其他功能。在使用输入条件时,注意输入条件是电平、脉冲还是边沿。一定要将梯形图分解成小功能块调试完毕后,再调试全部功能。由于 PLC 组成的控制系统复杂程度不同,所以梯形图程序的难易程度也不同,因此以上步骤并不是唯一和必须的,可以灵活运用。

【任务实施】

一、进行 I/O 分配

自动洗车机控制系统的 PLC 端子 I/O 分配情况见表 5-1。

表 5-1　　　　　　　　自动洗车机控制系统 PLC 端子 I/O 分配表

序号	电气符号	PLC 地址	状态	功能说明
1	SB0	X000	NC（常闭）	急停按钮
2	SB1	X001	NO（常开）	启动按钮
3	CS	X002	NO（常开）	车辆检测器
4	SQ	X003	NC（常闭）	轨道原点限位开关
5	FR1	X004	NC（常闭）	洗车机传动电动机过载
6	YV	Y001		喷淋阀
7	KM1	Y002		刷子电动机接触器
8	KM2	Y003		洗车机前进运行接触器
9	KM3	Y004		洗车机返回运行接触器
10	HA	Y005		报警蜂鸣器

二、设计电气接线图

自动洗车机电气接线如图 5-2 所示。

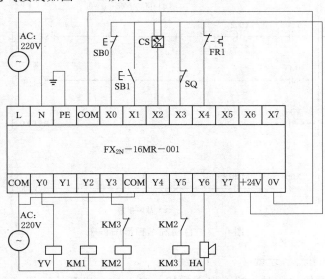

图 5-2　自动洗车机电气接线图

三、编写 PLC 程序

1. 自动洗车机的复位方案

自动洗车机首次运行（或运行中掉电再上电）时，利用 PLC 开始运行的第一个扫描周期接通指令 M8002 对复位标志进行置位，清洗机返回（右行）至原始位置（碰上原始限位开关 SQ）后停止运行。自动洗车梯形图程序如图 5 - 3 所示。

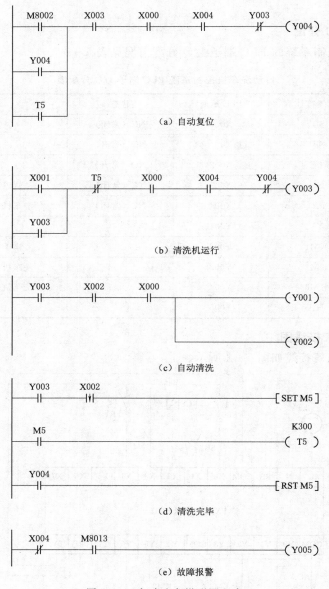

（a）自动复位

（b）清洗机运行

（c）自动清洗

（d）清洗完毕

（e）故障报警

图 5 - 3　自动洗车梯形图程序

2. 汽车自动清洗控制方案

自动洗车机在原始位置时，按下启动按钮，自动洗车机开始运行（左行），当检测到汽

118

车时，喷水阀和清洗刷同时启动对汽车进行清洗。自动洗车机离开汽车时（汽车检测信号下降沿）停止对汽车清洗，延时 30s 后自动洗车机返回至原始位置，准备下一次的汽车清洗。

3. 自动洗车机其他控制方案

在汽车自动清洗过程中，按下急停按钮后停止清洗，再次按下启动按钮时，继续进行清洗操作。当自动洗车机传动电动机过载时，报警蜂鸣器会进行声光报警。

任务二　十字路口交通灯 PLC 控制

【任务导入】

交通信号灯是指挥交通运行的信号灯，一般由红灯、绿灯、黄灯组成，如图 5-4 所示。红灯表示禁止通行，绿灯表示准许通行，黄灯表示警示。控制系统控制交通信号灯周期性循环闪亮，有序协调不同方向的人车通行，实现道路交通管理。

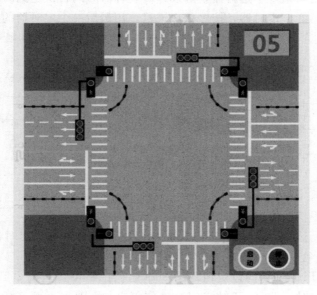

图 5-4　十字路口交通灯

【任务描述】

本任务将利用 FX$_{3U}$ 系列 PLC 设计简单的十字路空交通灯控制系统。要求如下：

（1）交通信号灯系统由"启动"和"停止"按钮控制；按下"启动"按钮，交通灯系统开始周而复始地循环工作，直到按下"停止"按钮，交通灯系统停止工作，所有信号灯均熄灭。

（2）交通信号灯系统运行周期为 60s，前 30s 东西方向通行，后 30s 南北方向通行，详细运行规则如图 5-5 所示。

【知识预备】

一、定时器的延时扩展

PLC 定时器的定时时间都比较短，例如 FX$_{3U}$ 系列 PLC 单个定时器的最长定时时间

东西方向	绿灯亮	绿灯闪（间隔0.5s）	黄灯亮	红灯亮
	25s	3s	2s	30s
南北方向	红灯亮		绿灯亮	绿灯闪（间隔0.5s）	黄灯亮
	30s		25s	3s	2s

图 5-5　十字路口交通灯运行规则

为 3276.7s。如果希望获得更长的定时时间，可以采用以下两种方法。

1. 多定时器接力

采用多个定时器接力计时，即先启动第 1 个定时器计时，计时时间达到时，用第 1 个定时器的常开触点启动第 2 个定时器，继续计时，计时时间再次达到时，再用第 2 个定时器的常开触点启动第 3 个定时器，按序依次进行，用最后一个定时器的触点去控制最终的控制对象。

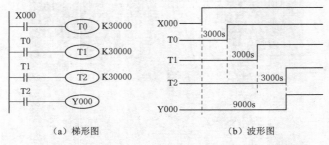

（a）梯形图　　　　　　　　（b）波形图

图 5-6　三个定时器接力延时 9000s

图 5-6 为采用三个定时器构成的长延时电路。图中通过三个定时器的串联使用，可以实现 9000s 延时。

在图中，T0、T1 和 T2 的设定值均为 3000s。当 X000 闭合时，T0 线圈得电并开始延时，当到达 3000s 时，T0 常开触点闭合，使得 T1 线圈得电并开始计时，延时 3000s 后，T1 常开触点闭合，T2 线圈得电并开始计时，再延时 3000s 后，T2 常开触点闭合，使 Y000 线圈得电。因此，从 X000 接通到 Y000 得电的延时时间为 T0、T1 和 T2 的定时时间之和 9000s。其波形图如图 5-6（b）所示。

2. 定时器与计数器组合

通过计数器对某个反复定时的定时器进行定时次数的计数和控制，从而实现长延时。

图 5-7 所示为采用一个计数器和一个定时器组合的长延时电路。图中 T0 的设定值为 3000s，当 X000 闭合时，T0 开始定时，当 3000s 时间达到时，T0 的常开触点闭合，但是在下一扫描周期，T0 的常闭触点断开，T0 线圈被复位，重新开始定时。因此每 3000s，T0 的常开触点将闭合 1 个扫描周期，即 T0 将形成一个周期为 3000s 的脉冲序列。此脉冲作为计数器 C0 的计数输入，即 T0 每 3000s 接通一个扫描周期，C0 将加 1。当 C0 计数值达到 3000 时，其常开触点闭合使 Y000 接通。因此，电路的定时时间等于 T0 的设

定值与 C0 的计数值的乘积，即从 X000 接通到 Y000 接通的延时时间为 3000s×3000/3600＝2500h。

当 X000 断开时，则 T0 和 C0 复位，Y000 断开。

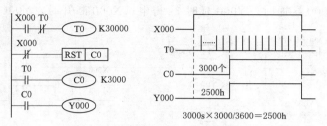

图 5-7　计数器和定时器配合延时 2500h

二、闪烁电路

闪烁电路在实际工程中较为常见，主要用在声光报警中。如图 5-8 所示，当 X000 闭合时，T0 开始计时，2s 后，T0 常开触点闭合，使 Y000 接通，同时 T1 得电开始计时，3s 后，T1 常闭触点断开使 T0 复位，而 T0 常开触点复位使 T1 也复位，同时 Y000 复位断开。在下一扫描周期，T1 的常闭触点再次闭合，T0 再次计时，周期性重复刚才的过程，Y000 输出一系列脉冲信号，其周期为 5s，高电平 3s、低电平 2s。

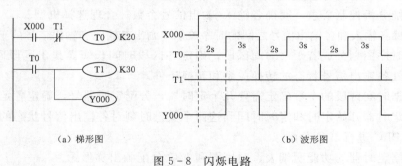

（a）梯形图　　　　　　　　　　（b）波形图

图 5-8　闪烁电路

三、断电延时和通断电均延时定时器

（一）断电延时型定时器

PLC 中的定时器为通电延时型，而断电延时型定时器可以用图 5-9 所示电路来实现。

在 X000 接通期间，Y000 置 1，T0 置 0。当 X000 断开时，Y000 利用自锁仍然置 1，T0 开始计时，5s 后，T0 置 1，断开 Y000 的线圈回路，使 Y000 断电置 0。可见，Y000 在 X000 断电后延时 5s 才失电。

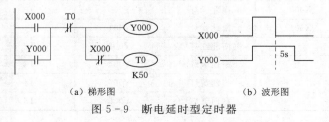

（a）梯形图　　　　　　　　　　（b）波形图

图 5-9　断电延时型定时器

（二）通断电均延时型定时器

通断电均延时型定时器可以用图 5 - 10 所示电路来实现。当 X000 接通时，T1 开始计时，3s 后，Y000 得电置 1。当 X000 断开时，T0 开始计时，2s 后，Y000 和 T1 线圈均失电复位。可见，X000 接通时，Y000 延时 3s 得电；X000 断开时，Y000 延时 2s 失电。

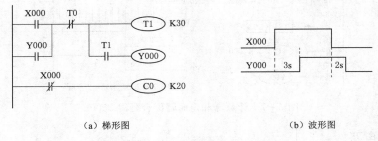

　　　　（a）梯形图　　　　　　　　　　　　　　　　　（b）波形图

图 5 - 10　通断电均延时型定时器

四、PLC 程序设计法——时序图设计法

如果 PLC 各输出信号的状态变化有一定的时间顺序，可用时序图法设计程序。在画出各输出信号的时序图后，容易理顺各状态转换的时刻和转换的条件，从而建立清晰的设计思路。时序图设计法归纳如下：

（1）详细分析控制要求，明确各输入/输出信号个数，合理选择机型。

（2）明确各输入和各输出信号之间的时序关系，画出各输入和输出信号的工作时序图。

（3）把时序图划分成若干个时间区段，确定各区段时间长短。找出区段间的分界点，弄清分界点处各输出信号状态的转换关系和转换条件。

（4）根据时间区段的个数确定需要几个定时器，分配定时器号，确定各定时器的设定值，明确各定时器开始定时和定时时间到这两个关键时刻对各输出信号状态的影响。

（5）对 PLC 进行 I/O 分配。

（6）根据定时器的功能明细表、时序图和 I/O 分配画出梯形图。

作模拟运行实验，检查程序是否符合控制要求，进一步修改程序。

【任务实施】

一、进行 I/O 分配

十字路口交通信号灯控制系统的 PLC 端子 I/O 分配情况见表 5 - 2。

表 5 - 2　　　　　　　　十字路口交通信号灯控制系统 I/O 分配表

输　入　端		输　出　端		定　时　器	
输入设备	PLC 端子	输出设备	PLC 端子	定时器号	定时时长
启动按钮 SB1	X000	南北绿灯	Y000	T0	25s
停止按钮 SB2	X001	南北黄灯	Y001	T1	28s
		南北红灯	Y002	T2	30s
		东西绿灯	Y004	T3	35s
		东西黄灯	Y005	T4	38s
		东西红灯	Y006	T5	60s

二、设计硬件接线图

南北及东西方向的交通灯均是双向布置，因此将双向的交通灯进行并联。十字路口交通信号灯控制系统硬件接线如图 5-11 所示。

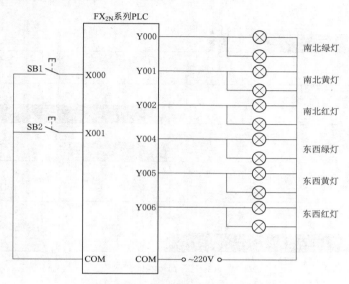

图 5-11　十字路口交通信号灯控制系统硬件接线图

三、在机电仿真软件中进行硬件施工仿真

十字路口交通信号灯控制系统硬件仿真如图 5-12 所示。

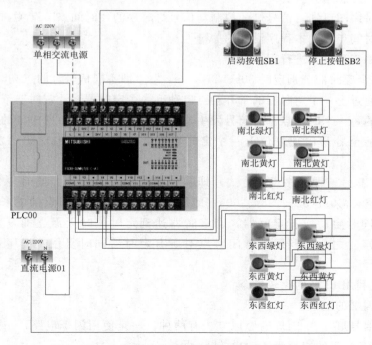

图 5-12　十字路口交通信号灯控制系统硬件仿真图

四、设计 PLC 程序

(1) 绘制十字路口交通信号灯系统的时序图，如图 5-13 所示。

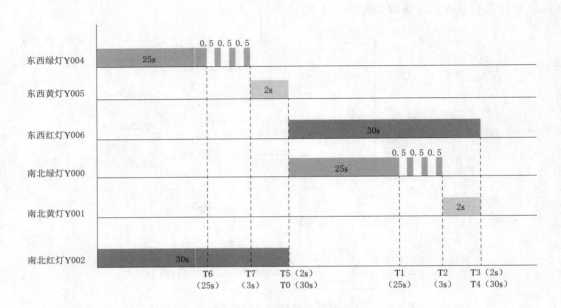

图 5-13 十字路口交通信号灯控制系统时序图

(2) 程序设计思路分析。

通过分析时序图可知，信号灯的控制与信号灯时序的"时间点"有关，因此使用定时器确定各个"时间点"是本程序设计的关键。

本例可采用三种方式进行程序设计。

1) 采用多个定时器分别定时 30s、25s、3s、2s（即不同信号灯的点亮时长），按照信号灯的时序，通过上一个定时器的常开触点启动下一个定时器，让定时器依次启动，从而实现在时序上的每一个时间点都有信号发生。然而多个定时器在不同时刻的启动及复位并不易于管理，甚至容易出现复位上一个定时器后导致后一个定时器也一起复位的情况发生。

2) 本书推荐另一种程序设计方式，即多个定时器同时启动、同时复位，但是定时时长为 25s、28s、30s、55s、58s、60s（即从周期起点到各时间点的时长）。该方法只需在程序开头同时启动所有定时器，当定时器达到定时值时无需立即复位，当最后一个定时器达到定时之后，利用其常闭触点对所有定时器同时复位，程序思路清晰、简洁易懂。

3) 还可以利用 PLC 的比较指令。

(3) 绿灯闪烁的处理。

针对绿色信号灯 0.5s 闪烁的处理方法有两种。一是使用闪烁电路，二是利用特殊辅助继电器 M8013 产生的周期为 1s 的时钟脉冲。

（4）根据基本经验设计法（即"启-保-停"电路）以时间点作为某一指示灯的启动条件和停止条件。

本例的梯形图程序如图 5-14 所示。

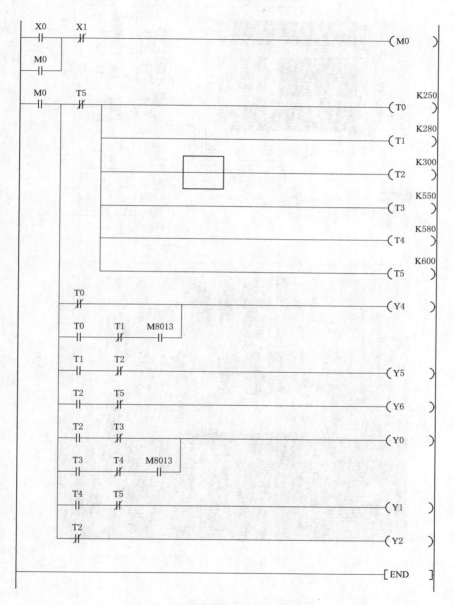

图 5-14　十字路口交通信号灯控制系统梯形图

五、在仿真软件中进行系统仿真运行

十字路口交通灯控制系统的仿真效果如图 5-15 所示。

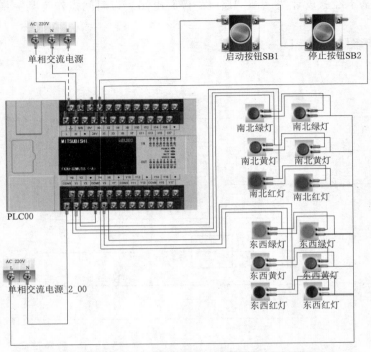

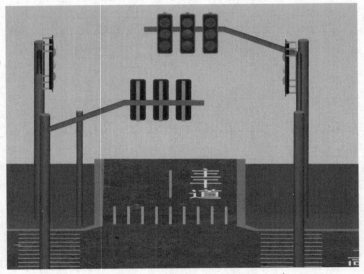

图 5-15　十字路口交通信号灯控制系统仿真运行图

任务三　病床呼叫控制系统的 PLC 控制

【任务导入】

病床呼叫是医院病房广泛使用的一种管理系统，主要是病人有特殊需求时对护士和医生呼叫的一种手段。本工作任务利用 FX$_n$ PLC 实现病床呼叫系统的控制。

【任务描述】

现有病房 2 间，每间配备病床 3 张，每张病床配备呼叫器 1 台，总显示器设在护士站当有病人呼叫时，护士站的显示器会发出蜂鸣器报警，同时显示病床号。护士按下消音按钮后停止声音报警；但数字仍显示，多个人呼叫后会依此循环显示。

【知识预备】

一、触点比较指令

起始触点比较指令有 2 个数据源 [S1] 和 [S2]，它们之间的逻辑比较关系见表 5-3，其参数的取值范围见表 5-4。

表 5-3　　　　　　　　　　　触点比较指令对照表

语句表	导通条件	不导通条件
LD= S1 S2	S1＝S2	S1≠S2
LD＞ S1 S2	S1＞S2	S1≤S2
LD＜ S1 S2	S1＜S2	S1≥S2
LD＜＞ S1 S2	S1≠S2	S1＝S2
LD＜＝S1 S2	S1≤S2	S1＞S2
LD＞＝S1 S2	S1≥S2	S1＜S2

表 5-4　　　　　　　　　起始触点比较指令参数的取值范围

参数	取　　　值
[S1]	KnX、KnY、KnM、KnS、T、C、D、V/Z、K/H
[S2]	KnX、KnY、KnM、KnS、T、C、D、V/Z、K/H

图 5-16 中，当数据寄存器 D10 的数据大于或等于 10 时，计数器 C10 以每秒为单位行计数，计数器当前值等于 20 时，输出继电器 Y000 得电。当 D10 的数据大于或等于 15 时，计数器清零，输出继电器 Y000 断电。

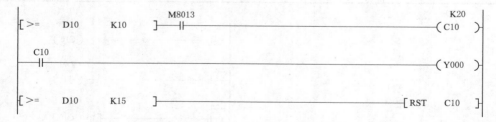

图 5-16　起始触点比较指令的梯形图

二、交替输出指令

交替输出指令 ALT 是指输入条件满足时，每执行一次 ALT 操作，目标位元件 [D]实施一次 ON/OFF 翻转操作。而交替输出指令 ALTP 则是指输入信号每次出现上升沿时，目标位元件 [D] 实施一次 ON/OFF 翻转操作。交替输出指令如图 5-17 所示，其参数的取值范围见表 5-5。

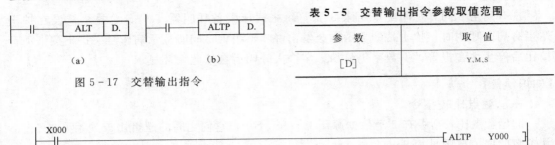

图 5-17 交替输出指令

表 5-5 交替输出指令参数取值范围

参 数	取 值
[D]	Y,M,S

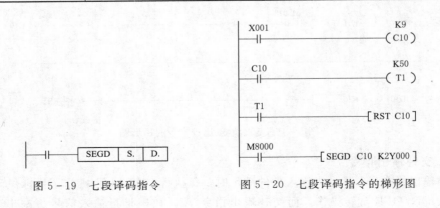

图 5-18 交替输出指令梯形图

在图 5-18 中，当输入继电器 X000 闭合时，输出继电器 Y00 接通；输入继电器 X000 断开时，输出继电器 Y000 仍处于接通状态。待输入继电器 X000 再次闭合时，输出继电器 Y000 断开，即输入继电器 X000 的上升沿可使输出继电器 Y000 实现翻转。而当输入继电器 X001 闭合时，输出继电器 Y001 接通/断开（以程序扫描周期为翻转频率）；输入继电器 X001 断开时，输出继电器 Y001 接通/断开（状态不固定，具有随机性），即输入继电器 X001 闭合时，输出继电器 Y001 每执行一次 ALT，其状态翻转一次。

三、七段译码指令

七段译码指令 SEGD 是将 1 位十六进制数（0～F）以 7 段笔画的方式进行数字显示。七段译码指令如图 5-19 所示，其参数的取值范围见表 5-6。

表 5-6 七段译码指令参数取值范围

参数	取 值
[S]	KnX、KnY、KnM、KnS、T、C、D、V/Z、K/H
[D]	KnX、KnY、KnM、KnS、T、C、D、V/Z

图 5-19 七段译码指令

图 5-20 七段译码指令的梯形图

在图 5 - 20 中，输入继电器 X01 每闭合一次，计数器 C10 开始进行加计数。计数器当前值等于 9 时，延时 5s 后计数器复位。计数器的当前值经过 7 段译码后实时地传送给输出电器 Y000～Y007（高 8 位数据保持不变）输出继电器的 Y000～Y006 对应着 7 段数码管的 a、b、c、d、e、f、g。

【任务实施】

一、进行 I/O 地址分配

病床呼叫系统 I/O 分配见表 5 - 7。

表 5 - 7   病床呼叫系统 I/O 分配表

序号	电气符号	PLC 地址	状态	功能说明
1	SB0	X000	NO（常开）	护士站消音按钮
2	SB1	X001	NO（常开）	1 号病床呼叫器
3	SB2	X002	NO（常开）	2 号病床呼叫器
4	SB3	X003	NO（常开）	3 号病床呼叫器
5	SB4	X004	NO（常开）	4 号病床呼叫器
6	SB5	X005	NO（常开）	5 号病床呼叫器
7	SB6	X006	NO（常开）	6 号病床呼叫器
8	a	Y000		数码管字段 a
9	b	Y001		数码管字段 b
10	c	Y002		数码管字段 c
11	d	Y003		数码管字段 d
12	e	Y004		数码管字段 e
13	f	Y005		数码管字段 f
14	g	Y006		数码管字段 g
15	HA	Y007		蜂鸣器

二、设计 PLC 电气接线图

病床呼叫系统的 PLC 电气接线如图 5 - 21 所示。

三、设计梯形图程序

1. 病床呼叫定位

病人床头前的呼叫器按单数次时，将病人所在床号对应的数字传送给对应的数据寄存器，病人床头前的呼叫器按双数次时，将数据 0 传送给对应的数据寄存器。这样就可以准确地将呼叫病人的呼叫信息放置在固定的数据寄存器中，以便执行数码显示输出。

2. 病床呼叫数码显示

设置定时器 T2 延时时间为 300（30s），用其常闭触点给线圈供电，形成自振荡电路。

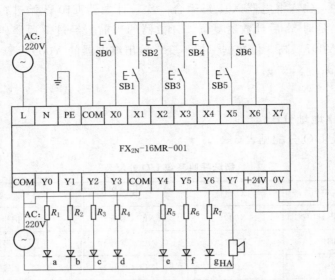

图 5-21 病床呼叫系统的 PLC 电气接线图

利用触点比较指令按每隔 5s 轮流显示各病床的呼叫信息。当有病人呼叫时，利用 7 段数码显示指令，将对应的数字传送给输出继电器，呼叫病人的床位号就会显示在数码管上。病床呼叫系统的 PLC 程序如图 5-22 所示。

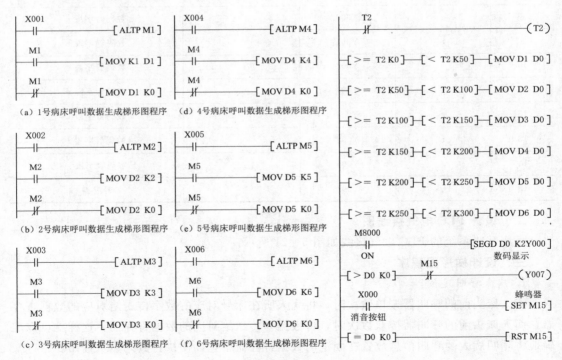

图 5-22 病床呼叫系统的 PLC 程序

任务四　塑料成型板定位系统的 PLC 控制

【任务导入】

塑料成型板定位控制是电冰箱内胆真空成型机中的上料工位。预先将剪裁好的 ABS 塑料板叠放在放料区，由吸料气缸（带有吸盘和真空发生器）将板吸起并高于定位底板 120mm，底板前移到位后释放吸盘将塑料成型板落放于底板上，通过推料气缸的定位控制再次用吸盘将塑料成型板吸起（与两侧的气动夹钳接触）并夹紧，准备向下一工位传送。至此，定位操作完成。本任务采用典型的顺序控制，通过本任务的学习，学生应基本掌握顺序控制、顺序功能图、PLC 顺序编程指令的基本知识，具备 PLC 顺序控制的编程、运行和调试能力。塑料成型板定位控制示意图如图 5-23 所示。

【任务描述】

塑料成型板定位控制采用 PLC 顺序控制，初始状态（PLC 上电第一个扫描周期脉冲）控制吸料气缸、推料缸返回原位，按下启动按钮，顺序控制进入第一步，控制动作为：吸料气缸下降→接近开关发出信号→开启真空发生器→吸料气缸返回。顺序控制进入第二步，控制动作为：底板前移→释放真空发生器→推料缸开始推料（塑料成型板定位）。顺序控制进入第三步，控制动作为：吸料气缸下降→开启真空发生器→吸料气缸上移→气动夹钳

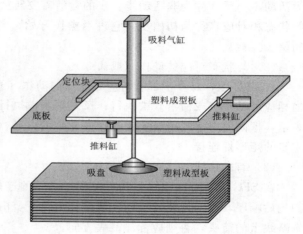

图 5-23　塑料成型板定位控制示意图

夹紧→底板返回→释放真空发生器→吸料气缸再提升。

【知识预备】

一、顺序控制基本概述

1. 顺序控制的概念

在工业控制系统中，顺序控制经常被使用。所谓顺序控制就是按照预先规定的顺序，对生产设备进行有序的操作。它是将系统的一个工作过程分为若干前后顺序相连的阶段，每个阶段都称为步（状态）。并使每一步独立工作，而每个步按照条件进行顺序转换。

顺序控制的特点是将较复杂的生产过程分解成若干工作步骤，每个工作步骤都包含一个具体的控制任务，即形成一个状态。由于顺序控制属于节拍性的工作流程，所以它可以不考虑相邻节拍中控制对象之间的互锁或联锁。这在某种程度上可使控制程序大大简化。

2. 顺序功能图的概念

顺序功能图（SFC）是 IEC 标准规定的用于顺序控制的标准化语言。SFC 用来全

面描述控制系统的控制过程、功能和特性，而不涉及系统所采用的具体技术，它是一种通用的技术语言，可供进一步设计时使用和不同专业的人员之间进行技术交流使用。

　　SFC以功能为主线，由步、有向连线、转换、转换条件及动作（或命令）组成，表达意义准确、条理清晰、规范、简洁，是设计PLC顺序控制程序的重要工具。由于SFC只是一种反映控制组织结构的流程图，不能在PLC中作为执行程序运行，所以SFC必须要通过转换才能被PLC接受，SFC的转换通常以梯形图居多。

　　3．顺序功能图的结构

　　（1）步（状态）。

　　在SFC中，步也称为状态。步是指把系统的一个工作循环过程分解成若干顺序相连的阶段。步用矩形框表示，框内的数字表示步的编号。在控制过程中，步被激活时称此步为活动步；反之称为非活动步。步的激活需要转换条件，控制过程开始阶段的活动步与初始状态相对应，称为初始步，它表示操作开始。初始步用双线方个SFC至少应该有一个初始步。

　　（2）与状态对应的动作（或命令）。

　　在SFC中，每一步都有对应要完成的动作（或命令），当该步处于活动状态时，该步内相应的动作（或命令）被执行；反之则不被执行。与步相关的动作（或命令）用矩形框表示，框内的文字或符号表示动作或命令的内容（保持型和非保持型），该矩形框应与相应步的矩形框连接。

　　（3）有向连线。

　　在SFC中，有向连线是状态与状态之间的连接线，它表述了状态之间成为活动状态的先后顺序，有向连线的方向一般是自上至下、由左至右。满足这个连接的有向连线可以省略线上的箭头，否则应标注箭头方向。

　　（4）转换和转换条件。

　　在SFC中，激活步的状态通过一个或多个转换来完成，并与控制过程的发展相对应。转换的符号是一根与有向连线垂直的短划线，步与步之间由转换分隔。转换条件是在转换符号短划线旁边用文字表达或用符号说明的变量。当两步之间的转换条件得到满足时，转换得以实现，即上一步的活动结束时下一步的活动才会开始。因此，不会出现步的重叠，每个活动步持续的时间取决于步之间转换的实现。

　　4．顺序功能图的编写原则

　　（1）状态与状态之间不能直接相连，必须由转换将它们隔开。

　　（2）转换与转换之间不能直接相连，必须由状态将它们隔开。

　　（3）汇合到分支时，可通过插入一个空状态将转换隔开。

　　（4）在SFC中必须有初始状态（至少1个），初始状态必须位于最前面。

　　二、顺序功能图的编程结构

　　1．单流程结构

　　SFC中的单流程结构称为单通道流程控制，它的特点是每个状态的后面只有1个转移，而每个转移的后面只有1个状态，并按照顺序依次执行。单流程结构的SFC如图

5-24 所示。

图 5-24 中的双框矩形表示初始状态，单框矩形表示普通状态。任何 SFC 均由初始状态开始。

2. 选择性分支与汇合结构

SFC 中的选择性分支与汇合结构是指流程通道在 2 个以上，并根据条件有选择地执行某个分支操作或有选择地执行多个分支的汇合。选择性分支与汇合结构如图 5-25 和图 5-26 所示。

在图 5-25 中单流程 S10 向分支 S20、S30、S40 转移时，只能转向其中的某一个，具体的转移情况取决于条件 X1、X2、X3。

在图 5-26 中，多流程 S21、S31、S41 向单流程汇合时，只能有一个分支汇合到单流程 S11。具体的汇合情况取决于条件 X11、X12、X13。

3. 并行性分支与汇合结构

SFC 中的并行性分支与汇合结构是指流程通道在 2 个以上，一旦条件满足就执行各分支操作或执行多个分支的汇合。并行性分支与汇合结构如图 5-27 和图 5-28 所示。

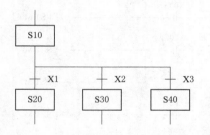

图 5-25　选择性分支结构的 SFC

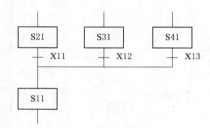

图 5-26　选择性汇合结构的 SFC

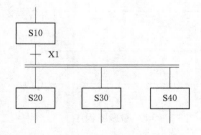

图 5-27　并行性分支结构的 SFC

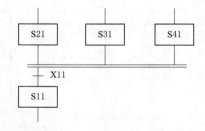

图 5-28　并行性汇合结构的 SFC

在图 5-27 中，当 X1 闭合时，转移条件成立，单流程 S10 同时向分支 S20、S30、S40 转移。

在图 5-28 中，当 X11 闭合时，转移条件成立，多流程 S21、S31、S41 同时向单流程 S11 汇合。

4. 顺序功能图的转换方法

顺序功能图作为控制的组织流程，在一定程度上反映了控制逻辑的顺序，其转换条件执行某段梯形图的输入条件，状态下的工作任务可由梯形图构成。现以具体实例进行说明，如图 5-29 和图 5-30 所示。

在图 5-30 中，PLC 上电的第一个扫描周期将辅助继电器 M0 置位，输出继电器 Y000～Y007 清零复位，辅助继电器 M0 构成了顺序控制的第一步；辅助继电器 M0 与输入继电器 X001 同时闭合时，或辅助继电器 M3 与输入继电器 X003 同时闭合时将辅助继电器 M1 置位，辅助继电器 M0 复位，辅助继电器 M1 构成了顺序控制的第二步；辅助继电器 M1 与输入继电器 X002 同时闭合时，将辅助继电器 M2 置位，辅助继电器 M1 复位，辅助电器 M2 构成了顺序控制的第三步；辅助继电器 M2 与定时器 T2 同时闭合时，将辅助继电器 M3 置位辅助继电器 M2 复位，助继电器 M3 构成了顺序控制的第四步。

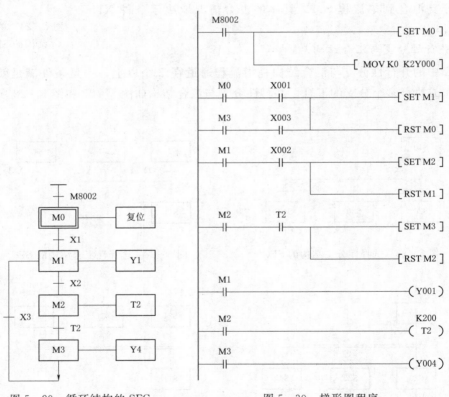

图 5-29　循环结构的 SFC　　　　图 5-30　梯形图程序

顺序控制的第一步，M0 将零传送给输出继电器 Y000～Y007，实现清零复位；顺序控制的第二步，M1 将输出继电器 Y001 激活，实现对应的控制输出；顺序控制的第三步，M2 将定时器 T2 激活，实现对应的控制输出；顺序控制的第四步，M3 将输出继电器 Y004 激活，实现对应的控制输出。

【任务实施】

一、进行 PLC 的 I/O 地址分配

病床呼叫系统 I/O 分配见表 5-8。

表 5 - 8　　　　　　　　　　　　病床呼叫系统 I/O 分配表

序号	电气符号	PLC 地址	状态	功　能　说　明
1	SA0	X000	NO（常开）	启动/停止按钮
2	IB1	X001	NO（常开）	吸盘到位接近开关
3	IB2	X002	NO（常开）	负压压力开关
4	IB3	X003	NO（常开）	吸料气缸返回到位开关
5	SQ4	X004	NC（常闭）	底板前移到位
6	SQ5	X005	NC（常闭）	底板返回到位
7	IB6 - 1	X006	NO（常开）	气动夹钳夹紧到位
8	IB6 - 2	X007	NO（常开）	气动夹钳放松到位
9	YVC	Y000		真空发生器（真空阀）
10	YV1A	Y001		吸料气缸（双控阀）下降
11	YV1B	Y002		吸料气缸（双控阀）上升
12	YVD	Y003		推料缸（单控阀）
13	YV2A	Y004		气动夹钳（双控阀）夹紧
14	YV2B	Y005		气动夹钳（双控阀）松开
15	YV3A	Y006		底板前移（双控阀）
16	YV3B	Y007		底板返回（双控阀）

二、设计电气接线图

塑料成型板定位控制的 PLC 电气接线如图 5 - 31 所示。

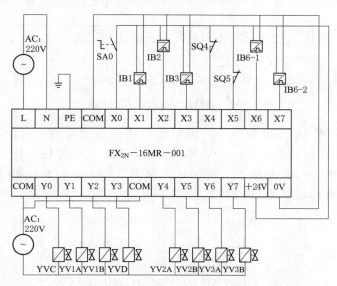

图 5 - 31　塑料成型板定位控制的 PLC 电气接线图

三、编写 PLC 程序

（1）绘制塑料成型板定位控制 SFC，如图 5-32 所示。

图 5-32　塑料成型板定位控制 SFC 图

（2）利用 GX Works2 编程软件，编写塑料成型板定位控制 PLC 编程 SFC 程序
BLOCK：000 如图 5-33 所示；SFC 程序 BLOCK：001 如图 5-34 所示；转换后
的梯形图程序如图 5-35 和图 5-36 所示。在图 5-33 中，利用 PLC 初次上电第一
个扫描周期脉冲将初始状态 S0 置位。

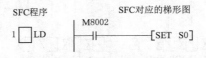

图 5-33　塑料成型板定位控制 SFC 程序 BLOCK：000

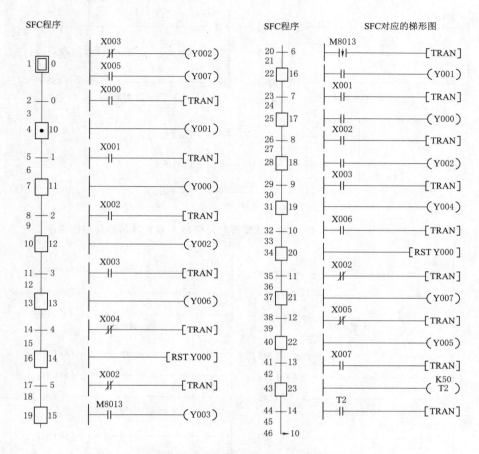

图 5-34 塑料成型板定位控制 SFC 程序 BLOCK：001

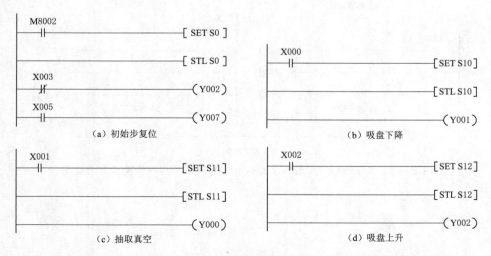

（a）初始步复位   （b）吸盘下降

（c）抽取真空   （d）吸盘上升

图 5-35（一）　步 0 至步 15 塑料成型板定位控制 SFC 程序转换梯形图程序

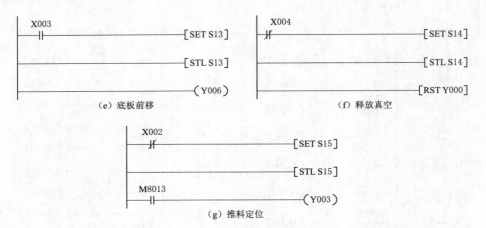

图 5-35（二） 步 0 至步 15 塑料成型板定位控制 SFC 程序转换梯形图程序

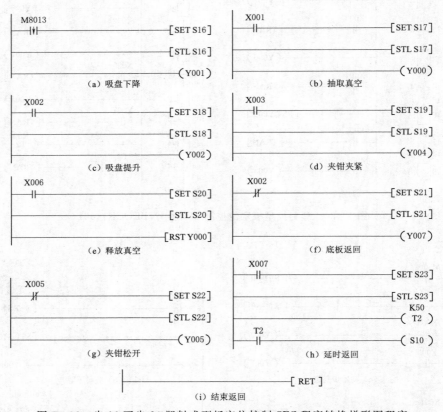

图 5-36 步 16 至步 24 塑料成型板定位控制 SFC 程序转换梯形图程序

参 考 文 献

［1］　牛云陞．可编程控制技术应用与实战（三菱）［M］．北京：北京邮电大学出版社，2021．

［2］　吴倩，金芬．电气控制与 PLC 应用（三菱 FX$_{3U}$ 系列）［M］．北京：机械工业出版社，2022．

［3］　董改花．电气控制与 PLC 技术［M］．北京：航空工业出版社，2017．

［4］　李稳贤，田华．可编程控制器应用技术（三菱）［M］．北京：冶金工业出版社，2011．

［5］　王烈准．电气控制与 PLC 应用技术项目式教程（三菱 FX$_{3U}$ 系列）［M］．北京：机械工业出版社，2019．

［6］　张运波，郑文．工厂电气控制技术［M］．4 版．北京：高等教育出版社，2014．

［7］　吴丽．电气控制与 PLC 应用技术［M］．2 版．北京：机械工业出版社，2014．

［8］　罗文，周欢喜．电气控制与 PLC 应用技术［M］．北京：电子工业出版社，2015．

［9］　汤自春．PLC 技术应用（三菱机型）［M］．3 版．北京：高等教育出版社，2015．

［10］　徐建俊，居海清．电机与电气控制项目教程［M］．2 版．北京：机械工业出版社，2015．

［11］　李金城．三菱 FX$_{3U}$ PLC 应用基础与编程入门［M］．北京：电子工业出版社，2016．